21 世纪全国高职高专机电系列技能型规划教材

机床电气控制与 PLC 技术

主　编　林盛昌
副主编　沙　春　顾　娜
　　　　沈　舫　熊家惠

北京大学出版社
PEKING UNIVERSITY PRESS

内 容 简 介

本书以模块式结构编排，共 3 个模块，包括 PLC 基础指令的应用、PLC 步进指令的应用、PLC 功能指令的应用。每个模块都由项目导读、任务实施、知识扩展、任务小结等教学环节组成。模块内容以"渐进式"方式设置，通过分析、实施，介绍了 PLC 的工作原理、特点、硬件结构、编程元件与指令系统，并从工程应用出发详细介绍了梯形图的常用设计方法，PLC 系统设计与调试方法。本书不仅介绍了 PLC 的开关量、模拟量在控制系统中的应用，还以实际案例讲解了 PLC 的网络通信。

本书既可作为高职高专自动化、电气工程、电子信息、机电一体化及相关专业的教材，也可供工程技术人员自学或作为培训教材使用。

图书在版编目(CIP)数据

机床电气控制与 PLC 技术/林盛昌主编. —北京：北京大学出版社，2013.8

(21 世纪全国高职高专机电系列技能型规划教材)

ISBN 978-7-301-22917-0

Ⅰ. ①机… Ⅱ. ①林… Ⅲ. ①机床—电气控制—高等职业教育—教材②plc 技术—高等职业教育—教材 Ⅳ. ①TG502.35②TM571.6

中国版本图书馆 CIP 数据核字(2013)第 173513 号

书　　　　名：	机床电气控制与 PLC 技术
著作责任者：	林盛昌　主编
策 划 编 辑：	张永见
责 任 编 辑：	李娉婷
标 准 书 号：	ISBN 978-7-301-22917-0/TH・0362
出 版 发 行：	北京大学出版社
地　　　　址：	北京市海淀区成府路 205 号　100871
网　　　　址：	http://www.pup.cn　新浪官方微博：@北京大学出版社
电 子 信 箱：	pup_6@163.com
电　　　　话：	邮购部 62752015　发行部 62750672　编辑部 62750667　出版部 62754962
印 刷 者：	北京世知印务有限公司
经 销 者：	新华书店

787 毫米×1092 毫米　16 开本　14.75 印张　344 千字

2013 年 8 月第 1 版　　2013 年 8 月第 1 次印刷

定　　　价：30.00 元

前　言

　　PLC 是工业自动化领域使用非常广泛的控制设备之一。自 1969 年第一台 PLC 问世以来，其设计与应用就得到了空前的发展。"机床电气控制技术"与"PLC 控制技术"是高职高专院校机电类专业的核心课程。PLC 技术是基于电器逻辑控制系统的原理而设计的，它取代了传统的继电接触器控制系统，是当今自动化领域中不可或缺的中心控制器件。由于它的发展阶段不同，因此本书将两者编写在一起，以日本三菱公司 FX$_{2N}$ 系列 PLC 为背景，介绍了 PLC 的工作原理、特点、硬件结构、编程元件与指令系统，在编写中注意题材的取舍。

　　由于 FX$_{2N}$ 系列 PLC 功能强大，内容庞杂，一般来说，几百页的书籍不可能完整地介绍其功能和用法，且功能的罗列只会让读者不知所措，本书编写的目的是通过一些实际工程的介绍，为读者在自动化领域中开发项目时，打下坚实的基础。

　　本书具有以下特点。

　　(1) 充分考虑高等职业院校学生的特点，采用大量的案例进行详细讲解。

　　(2) 采用项目教学法，通过普通车床、镗床的 PLC 改造，学习低压电器及 PLC 基本指令的应用，并将其改造为 PLC 控制，从而使学生掌握普通机床改造为 PLC 控制的方法。

　　(3) 通过十字路口交通灯机械手控制、大小球分拣等任务，学习步进指令的用法。

　　(4) 通过自动售货机程序设计、四层电梯控制系统设计和 PLC 的网络控制等任务的学习，掌握 PLC 应用指令的用法。

　　参与本书编写工作的有：紫琅职业技术学院沙春、林盛昌，常州刘国钧高等职业技术学校熊家惠(模块 1)；紫琅职业技术学院顾娜、常州纺织服装职业技术学院沈舷(模块 2)；紫琅职业技术学院林盛昌(模块 3)；全书由林盛昌任主编并统稿。

　　在编写过程中，编者参考了一些书刊，并引用了相关资料，在此对这些文献资料的作者一并表示衷心的感谢。

　　由于编者水平所限，书中难免存在不足和疏漏之处，恳请读者提出宝贵意见。

编　者

2013 年 4 月

目　录

绪 论

可编程序控制器的英文为 Programmable Controller,在 20 世纪 70～80 年代一直简称为 PC。由于到 20 世纪 90 年代,个人计算机发展起来,也简称为 PC,加之可编程序的概念所涵盖的范围太大,所以美国 AB 公司首次将可编程序控制器定名为可编程序逻辑控制器(Programmable Logic Controller,PLC),为了方便,仍简称 PLC 为可编程序控制器。

一、可编程序控制器的发展概况

起源:1968 年美国通用汽车公司提出取代继电器控制装置的要求。1969 年,美国数字设备公司研制出了第一台可编程控制器 PDP-14,在美国通用汽车公司的生产线上试用成功,首次采用程序化的手段应用于电气控制,这是第一代可编程序控制器,称为 Programmable Controller,是世界上公认的第一台 PLC。

1969 年,美国研制出世界第一台 PDP-14。

1971 年,日本研制出第一台 DCS-8。

1973 年,德国研制出第一台 PLC。

1974 年,中国研制出第一台 PLC。

发展:20 世纪 70 年代初出现了微处理器,人们很快将其引入可编程控制器中,为 PLC 增加了运算、数据传送及处理等功能,完成了真正具有计算机特征的工业控制装置。此时的 PLC 为微机技术和继电器常规控制相结合的产物。个人计算机发展起来后,为了方便和反映可编程控制器的功能特点,将可编程序控制器定名为 Programmable Logic Controller。

20 世纪 70 年代中末期,可编程控制器进入实用化发展阶段,计算机技术已全面引入可编程控制器中,使其功能发生了飞跃。更高的运算速度、超小型体积、更可靠的工业抗干扰设计、模拟量运算、PID 功能及极高的性价比奠定了它在现代工业中的地位。

20 世纪 80 年代初,可编程控制器在先进工业国家中已获得广泛应用。世界上生产可编程控制器的国家日益增多,产量日益上升,这标志着可编程控制器已步入成熟阶段。

20 世纪 80～90 年代中期,是 PLC 发展最快的时期,它的年增长率一直保持为 30%～40%。在这个时期,PLC 的模拟量处理能力、数字运算能力、人机接口能力和网络能力得到大幅度提高,PLC 逐渐进入过程控制领域,在某些应用上取代了在过程控制领域处于统治地位的 DCS 系统。

20 世纪末期,可编程控制器的发展特点是更加适应现代工业的需要。这个时期开发了

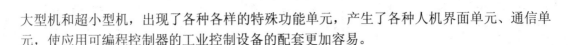

大型机和超小型机，出现了各种各样的特殊功能单元，产生了各种人机界面单元、通信单元，使应用可编程控制器的工业控制设备的配套更加容易。

二、可编程序控制器的功能特点

PLC 是一种专门为在工业环境下应用而设计的进行数字运算操作的电子装置。它采用可以编制程序的存储器，用来在其内部存储执行逻辑运算、顺序运算、计时、计数和算术运算等操作的指令，并能通过数字式或模拟式的输入和输出，控制各种类型的机械或生产过程。PLC 及与其有关的外围设备都应该按易于与工业控制系统形成一个整体，易于扩展其功能的原则而设计。PLC 功能特点鲜明，主要体现在以下几点。

(1) 可靠性高，抗干扰能力强。PLC 用软件代替大量的中间继电器和时间继电器，仅剩下与输入和输出有关的少量硬件，接线可减少到继电器控制系统的 1/100～1/10，因触点接触不良造成的故障大为减少。

高可靠性是电气控制设备的关键性能。PLC 由于采用现代大规模集成电路技术，采用严格的生产工艺制造，内部电路采取了先进的抗干扰技术，具有很高的可靠性。例如三菱公司生产的 F 系列 PLC 平均无故障时间高达 30 万小时，一些使用冗余 CPU 的 PLC 的平均无故障工作时间则更长。从 PLC 的机外电路来说，使用 PLC 构成控制系统，和同等规模的继电接触器系统相比，电气接线及开关接点已减少到数百甚至数千分之一，故障也就大大降低。此外，PLC 带有硬件故障自我检测功能，出现故障时可及时发出警报信息。在应用软件中，应用者还可以编入外围器件的故障自诊断程序，使系统中除 PLC 以外的电路及设备也获得故障自断保护。这样，整个系统具有极高的可靠性也就不奇怪了。

(2) 硬件配套齐全，功能完善，适用性强。PLC 发展到今天，已经形成了大、中、小各种规模的系列化产品，并且已经标准化、系列化、模块化，配备有品种齐全的各种硬件装置供用户选用，用户能灵活方便地进行系统配置，组成不同功能、不同规模的系统。PLC 的安装接线也很方便，一般用接线端子连接外部接线。PLC 有较强的带负载能力，可直接驱动一般的电磁阀和交流接触器，可以用于各种规模的工业控制场合。除了逻辑处理功能以外，现代 PLC 大多具有完善的数据运算能力，可用于各种数字控制领域。近年来 PLC 的功能单元大量涌现，使 PLC 渗透到了位置控制、温度控制、CNC 等各种工业控制中。加上 PLC 通信能力的增强及人机界面技术的发展，使用 PLC 组成各种控制系统变得非常容易。

(3) 易学易用。PLC 作为通用工业控制计算机，是面向工矿企业的工控设备。它接口容易，编程语言易于被工程技术人员接受。梯形图语言的图形符号与表达方式和继电器电路图相当接近，只用 PLC 的少量开关量逻辑控制指令就可以方便地实现继电器电路的功能，为不熟悉电子电路、不懂计算机原理和汇编语言的人使用计算机从事工业控制打开了方便之门。

(4) 容易改造。PLC 系统的设计、安装、调试工作量小，维护方便，容易改造。PLC 的梯形图程序一般采用顺序控制设计法。这种编程方法很有规律，很容易掌握。对于复杂的控制系统，梯形图的设计时间比继电器系统电路图的设计时间要少得多。

PLC 用存储逻辑代替接线逻辑，使控制系统设计及建造的周期大为缩短，大大减少了控制设备外部的接线，同时维护也变得容易起来，更重要的是使同一设备通过改变程序来改变生产过程成为可能，这很适合多品种、小批量的生产场合。

(5) 体积小，重量轻，能耗底。以超小型 PLC 为例，新近出产的品种底部尺寸小于100mm，仅相当于几个继电器的大小，因此可将开关柜的体积缩小到原来的 1/10～1/2。它的重量小于 150g，功耗仅为数瓦。由于体积小很容易装入机械内部，因而成为实现机电一体化的理想控制设备。

三、PLC 的结构及各部分的作用

可编程控制器的结构多种多样，但其组成的一般原理基本相同，都是以微处理器为核心的结构。PLC 通常由中央处理单元(CPU)、存储器(RAM、ROM)、输入输出单元(I/O)、电源和编程器等几个部分组成。

1. 中央处理单元

CPU 作为整个 PLC 的核心，起着总指挥的作用。CPU 一般由控制电路、运算器和寄存器组成。这些电路通常都被封装在一个集成电路的芯片上。CPU 通过地址总线、数据总线、控制总线与存储单元、输入输出接口电路连接。CPU 的主要功能有：从存储器中读取指令，执行指令，取下一条指令，处理中断。

2. 存储器

存储器主要用于存放系统程序、用户程序及工作数据。存放系统软件的存储器称为系统程序存储器；存放应用软件的存储器称为用户程序存储器；存放工作数据的存储器称为数据存储器。常用的存储器有 RAM、EPROM 和 EEPROM。RAM 是一种可进行读写操作的随机存储器，用于存放用户程序，生成用户数据区，存放在 RAM 中的用户程序可以方便地修改。RAM 存储器是一种高密度、低功耗、价格便宜的半导体存储器，可用锂电池作为备用电源，掉电时，可有效地保持存储的信息。EPROM、EEPROM 都是只读存储器，可用于固化系统管理程序和应用程序。

3. 输入输出单元

I/O 单元实际上是 PLC 与被控对象间传递输入输出信号的接口部件。I/O 单元有良好的电隔离和滤波作用。接到 PLC 输入接口的输入器件是各种开关、按钮、传感器等。PLC 的各输出控制器件往往是电磁阀、接触器、继电器，而继电器有交流和直流型，高电压型和低电压型，电压型和电流型。

4. 电源

PLC 电源单元包括系统的电源及备用电池，电源单元的作用是把外部电源转换成内部工作电压。PLC 内有一个稳压电源用于为 PLC 的 CPU 单元和 I/O 单元供电。

四、PLC 的工作原理

当 PLC 投入运行后，其工作过程一般分为 3 个阶段，即输入采样、用户程序执行和输出刷新。完成上述 3 个阶段称为一个扫描周期。在整个运行期间，PLC 的 CPU 以一定的扫描速度重复执行上述 3 个阶段，如图 0.1 所示。

1. 输入采样阶段

在输入采样阶段，PLC 以扫描方式依次地读入所有输入状态和数据，并将它们存入 I/O 映像区中的相应单元内。输入采样结束后，转入用户程序执行和输出刷新阶段。在这两个阶段中，即使输入状态和数据发生变化，I/O 映像区中的相应单元的状态和数据也不会改变。因此，如果输入的是脉冲信号，则该脉冲信号的宽度必须大于一个扫描周期，才能保证在任何情况下该输入均能被读入。

2. 用户程序执行阶段

在用户程序执行阶段，PLC 总是按由上而下的顺序依次地扫描用户程序(梯形图)。在扫描每一条梯形图时，又总是先扫描梯形图左边由各触点构成的控制线路，并按先左后右、先上后下的顺序对由触点构成的控制线路进行逻辑运算，然后根据逻辑运算的结果，刷新该逻辑线圈在系统 RAM 存储区中对应位的状态；或者刷新该输出线圈在 I/O 映像区中对应位的状态；或者确定是否要执行该梯形图所规定的特殊功能指令。

在用户程序执行过程中，只有输入点在 I/O 映像区内的状态和数据不会发生变化，而其他输出点和软设备在 I/O 映像区或系统 RAM 存储区内的状态和数据都有可能发生变化，而且排在上面的梯形图的程序执行结果会对排在下面的所有用到这些线圈或数据的梯形图起作用；相反，排在下面的梯形图，其被刷新的逻辑线圈的状态或数据只能到下一个扫描周期才能对排在其上面的程序起作用。

在程序执行过程中如果使用立即 I/O 指令则可以直接存取 I/O 点，即使用 I/O 指令，输入过程映像寄存器的值不会被更新，程序直接从 I/O 模块取值，输出过程映像寄存器会被立即更新，这跟立即输入有些区别。

3. 输出刷新阶段

当扫描用户程序结束后，PLC 就进入输出刷新阶段。在此期间，CPU 按照 I/O 映像区内对应的状态和数据刷新所有的输出锁存电路，再经输出电路驱动相应的外部设备，这时才是 PLC 的真正输出。

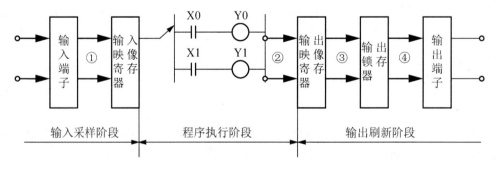

图 0.1 扫描技术

五、三菱 PLC 简介

PLC 目前的主要品牌有美国 AB、比利时 ABB、松下、西门子、汇川、三菱、欧姆龙、台达、富士、施耐德等。

三菱 PLC 的英文名为 Mitsubishi Power Line Communication，是三菱电机在大连生产的主力产品。在中国市场三菱 PLC 常见的型号有以下几种。

FX1S 系列：是三菱 PLC 一种集成型小型单元式 PLC。它具有完整的性能和通信功能等扩展性，一种理想的选择是考虑安装空间和成本。

FX1N 系列：是三菱电机推出的功能强大的普及型 PLC。它具有扩展输入输出、模拟量控制和通信、链接功能等扩展性，是一款被广泛应用于一般顺序控制的三菱 PLC。

FX2N 系列：是三菱 PLC FX 家族中最先进的系列。它具有高速处理及可扩展大量满足单个需要的特殊功能模块等特点，能够为工厂自动化应用提供最大的灵活性和控制能力。

FX3U 系列：是三菱电机公司新近推出的新型第三代三菱 PLC，可称得上是小型至尊产品。基本性能大幅提升，晶体管输出型的基本单元内置了 3 轴独立、最高达到 100kHz 的定位功能，并且增加了新的定位指令，从而使得定位控制功能更加强大，使用更为方便。

FX1NC、FX2NC、FX3UC 三菱 PLC 在保持原有强大功能的基础上实现了极为可观的规模缩小 I/O 型接线接口，降低了接线成本，并且大大节省了时间。

Q 系列三菱 PLC：是三菱机公司推出的大型 PLC，CPU 类型有基本型 CPU、高性能型 CPU、过程控制 CPU、运动控制 CPU、冗余 CPU 等，可以满足各种复杂的控制需求。为了更好地满足国内用户对三菱 PLC Q 系列产品高性能、低成本的要求，三菱电机自动化特推出经济型 QUTESET 型三菱 PLC，即一款自带 64 点高密度混合单元的 5 槽 Q00JCOUSET；另一款自带 2 块 16 点开关量输入及 2 块 16 点开关量输出的 8 槽 Q00JCPU-S8SET，其性能指标与 Q00J 完全兼容，也完全支持 GX-Developer 等软件，故具有极佳的性价比。

A 系列三菱 PLC：使用三菱专用顺控芯片(MSP)，速度/指令可媲美大型三菱 PLC。A2ASCPU 支持 32 个 PID 回路，而 QnASCPU 的回路数目无限制，可随内存容量的大小而改变；程序容量为 8K～124KB，如使用存储器卡，QnASCPU 的内存量可扩充到 2MB；有多种特殊的模块可选择，包括网络、定位控制、高速计数、温度控制等模块。

模块 1

PLC 基础指令的应用

项目导读

项目任务围绕用 PLC 控制三相异步电动机的运行状态而进行，掌握继电接触器控制线路，包括各种电动机的启动、运行、制动等基本控制线路；学习 PLC 基本编程方法，掌握 PLC 基本逻辑控制指令。

任务 1.1　电动机点动控制电路 PLC 设计

学习目标

(1) 掌握接触器、熔断器结构、工作原理、图形及文字符号、选用原则；点动控制线路工作原理、画法及相关的国家标准。

(2) 掌握 LD 及 LDI 指令的基本应用。

(3) 理解 PLC 的工作原理。

(4) 熟练操作编程软件。

任务引入

根据电动机点动控制的要求，完成对应的 PLC 程序改造，在电动机有相应的保护措施的情况下，能正常进行电动机的起停控制。

电动机点动控制电路是用按钮和接触器控制电动机最简单的控制线路，其电气原理图如图 1.1 所示。

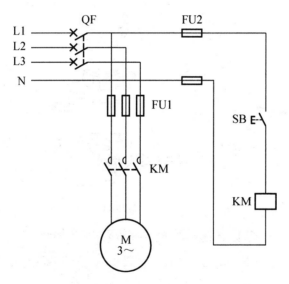

图 1.1　电动机点动控制电路图

相关知识

一、熔断器

熔断器是一种最常用的简单有效的保护电器，被广泛应用于低压配电系统和各种控制系统中，主要用于短路保护和严重过载保护，同时也是单台电气设备的重要保护元件之一。熔器与开关电器组合可构成各种熔断器组合电器，为开关电器附加短路保护功能。熔断器一般串联在电路中。

1. 熔断器结构及工作原理

熔断器主要由熔体(俗称保险丝)和安装熔体的熔座两部分组成。熔体是熔断器的核心，通常采用低熔点的铅、锌、锡及锡铅合金等材料制成丝状或根据保护特性的需要设计成灭弧栅状和具有变截面片状结构。熔座一般采用高强度陶瓷、绝缘钢板或玻璃纤维等制成，在熔体熔断时兼有灭弧作用。

　　当熔体通过额定电流时，熔体不会熔断；当熔体中的电流大到一定数值时，经过一段时间后熔体熔断，这段时间称为熔断时间。熔断时间与电流的大小有关，如图 1.2 所示。从图 1.2 可以看出，熔断器的熔断时间随着电流的增大而减小，即电流越大，熔断的时间越短。图 1.3 为 RL 系列熔断器结构及图形文字符号。图 1.4 为熔断器型号的意义。

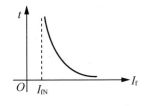

图 1.2　熔断器保护特性

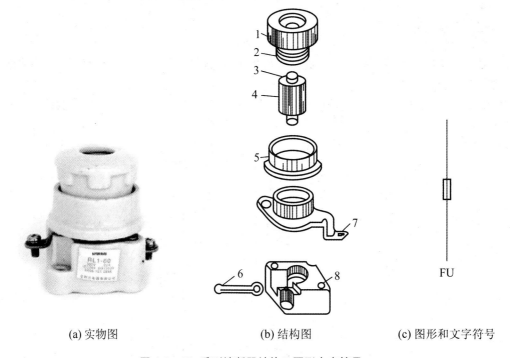

(a) 实物图　　　　　　　　　(b) 结构图　　　　　　　　(c) 图形和文字符号

图 1.3　RL 系列熔断器结构及图形文字符号

1—瓷帽　2—金属管　3—指示器　4—熔管　5—瓷套　6—下接线端　7—上接线端　8—瓷座

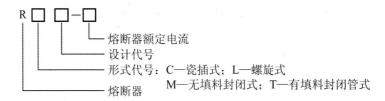

图 1.4　熔断器型号意义

2. 熔断器主要技术参数

熔断器主要有 3 个技术参数。

(1) 熔断器额定电压。熔断器额定电压应不小于所在电路的额定电压，是指保证熔断器正常工作的最高极限电压。

(2) 熔断器额定电流。熔断器额定电流包括熔座的额定电流以及熔体的额定电流。熔座的额定电流是熔断器长期工作所允许的由温升决定的电流，其值不小于所选熔体的额定电流，并且在熔断器额定电流范围内的不同规格熔体可装入同一熔壳内；熔体的额定电流指熔体长期通电而不会熔断的最大电流。

(3) 分断能力。分断能力是指熔断器所能分断的最大短路电流值，取决于熔断器的灭弧能力，与熔体的额定电流大小无关。

3. 熔断器的选用原则

(1) 在无启动电流的电路中，熔体的额定电流等于或大于电路正常工作电流。

(2) 对于有启动电流的电路，对于单台启动设备 $I_{FU} \geq (1.5 \sim 2.5) I_{ST}$；对于多台启动设备 $I_{FU} \geq (1.5 \sim 2.5) I_{ST\,m} + \sum I_{ST}$。

式中：I_{FU} 表示熔断器额定电流；I_{ST} 表示电动机启动电流。

(3) 各级熔断器之间协调配合，使下级熔断器比上级熔断器先熔断。

(4) 熔体的额定电流值与负载性质有关。

4. 熔断器的使用、安装、维修注意事项

(1) 熔体熔断后应查明线路熔体熔断的原因，修复电路后选用同等规格的熔体装入熔座内，不能用铅丝或铜丝代替熔体。

(2) 安装软熔丝应留有一定的松弛度，螺钉拧太紧容易损坏熔丝。

二、接触器

接触器是一种能够自动切换并具有控制与保护作用的电磁式电器，主要用于远距离频繁通断交、直流主电路和大容量控制电路，而且具有欠电压与零电压保护功能，是电力拖动自动控制电路中使用最广泛的电器。接触器种类很多，按其主触点通过电流的类型分为交流接触器和直流接触器。

1. 交流接触器

交流接触器的结构及图形文字符号如图 1.5 所示，主要由电磁系统、触点系统、灭弧装置等部分组成。

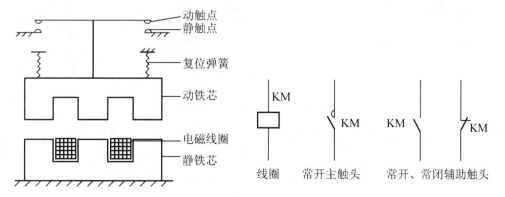

图 1.5　交流接触器结构图

(1) 电磁系统。电磁系统由电磁线圈、静铁芯、动铁芯(衔铁)和复位弹簧组成，其中动铁芯与动触点由支架相连。常见的电磁机构如图 1.6 所示。

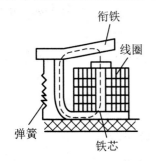

图 1.6   常见的电磁机构

当交变电流通过交流接触器的电磁线圈时，产生磁场，磁场磁通经铁芯、衔铁和工作气隙形成闭合回路，动铁芯克服复位弹簧的反作用力向静铁芯运动，使常开触点闭合，常闭触点分断。如果电磁线圈断电，磁场消失，衔铁与静铁芯之间的引力消失，衔铁在复位弹簧的作用下复位，触点复位到初始状态。

交流接触器的线圈通入交流电流，产生交变磁通，铁芯中有磁滞损耗与涡流损耗，线圈本身有铜耗，所以铁芯一般采用冷轧硅钢片炙压后铆成且装有短路环，线圈有骨架，且成短粗型，以减小磁滞损耗与涡流损耗，增加散热面积，减少衔铁吸合产生的振动和噪声。

(2) 触点系统。触头是电器的执行机构，起接通和断开电路的作用。若要使触头具有良好的接触性能，通常采用铜质材料制成。对于电流容量较小的电器(如接触器、继电器等)，常采用银质材料作为触头材料。按通断能力分为主触点和辅助触点，主触点一般为通断能力强、接触面积大的 3 对常开主触点，有灭弧装置；辅助触点一般通断能力较弱、接触面积小。常开触点是指在电磁系统没有通电或没有任何外力的作用下处于断开状态的触点；反之即为常闭触点。常见的触点系统的形式如图 1.7 所示。

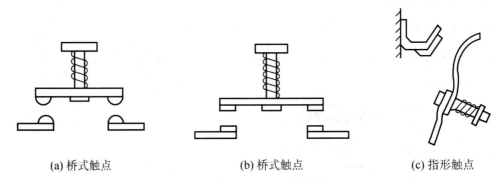

(a) 桥式触点   (b) 桥式触点   (c) 指形触点

图 1.7   常见的触点系统的形式

(3) 灭弧装置。交流接触器在分断大电流(20A 以上)时，在动、静触点之间会产生较强的蓝色光柱——电弧。电弧是电流流过空气气隙的现象，说明电路中仍有电流流过，当电弧持续不灭时，会烧伤触点、延长电路分断时间，严重时还会造成相间短路。常用的灭弧方法有电动力灭弧、栅片灭弧等。常见灭弧装置如图 1.8 所示。

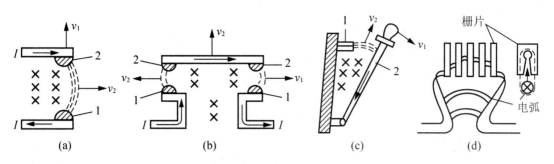

图 1.8 常见灭弧装置

1—静触点 2—动触点
v_1—动触点移动速度 v_2—电弧在电磁力作用下的移动速度

2. 直流接触器

直流接触器主要用来远距离接通与分断额定电压至 440V、额定电流至 630A 的直流电路或频繁地操作和控制直流电动机启动、停止、反转及反接制动。

直流接触器的结构和工作原理与交流接触器类似。在结构上也是由电磁系统、触头系统、灭弧装置等部分组成的，只是铁芯的结构、线圈形状、触头形状和数量、灭弧方式以及吸力特性、故障形式等有所不同。

三、主令开关—按钮

按钮是一种手动可以自动复位的主令电器，其结构简单，控制方便，在低压控制电路中得到广泛应用。按钮一般不直接控制主电路，而在控制电路中发出手动控制信号。它的额定电压为 550V，额定电流不大于 5A。

按钮是由按钮帽、复位弹簧、桥式触头和外壳等组成。其结构如图 1.9 所示。触头采用桥式触头，分常开触头、常闭触头两种。在外力作用下，常闭触头先断开，常开触头后闭合；复位时，常开触头先断开，常闭触头后闭合。

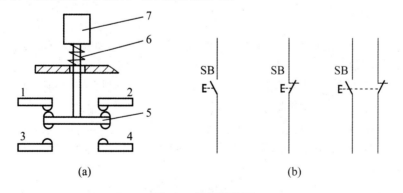

图 1.9 按钮结构图

1、2—常闭触点 3、4—常开触点 5—桥式触头 6—复位弹簧 7—按钮帽

按用途和结构的不同，可将按钮分为启动按钮、停止按钮和复合按钮等。
按使用场合、作用不同，通常将按钮帽做成红、绿、黑、黄、蓝、白等几种，具体颜色使用如下。

(1) "停止"和"急停"按钮必须是红色的。

(2) "启动"按钮的颜色为绿色。

(3) "启动"与"停止"交替动作的按钮必须是黑白色的。

(4) "点动"按钮必须是黑色的。

点动控制电路的工作原理如下。

(1) 合上开关 QF。

(2) 按下按钮 SB→接触器 KM 线圈得电→接触器 KM 的常开主触点闭合→三相电源被引入三相异步电动机的定子绕组，电机正转。

(3) 松开按钮 SB→接触器 KM 线圈失电→接触器 KM 的常开主触点断开→电机停转。

四、绘制电气原理图的规则

绘制电气原理图的规则如下。

(1) 三相电源的引入线用 L1、L2、L3 标记。

(2) 电源开关之后的三相交流电源分别按 U、V、W 顺序标记。

(3) 各电动机分支电路接点标记采用三相文字代号加数字来表示，数字的个位数表示电动机代号，十位数表示该支路各接点的代号，从上到下按数值大小顺序标记。如 U1 表示 M1 电动机第一相的第一个接点。电动机绕组首端用 U1、V1、W1 标记，末端用 U2、V2、W2 标记。控制电路采用阿拉伯数字编号，在垂直绘制电路中，标号从上到下依次编号，凡是同一根导线相连的视为等电位点，标号应相同；凡是被线圈、电阻、触点等元件隔断的导线，标号不能相同。

(4) 原理图的动力线路、控制线路以及信号线路应分开绘制。动力线路绘制在图纸的左边，控制线路绘制在图纸的右边。同一电器的各元件采用同一文字符号标记。所有电气元件均按常态状态绘制，垂直绘制触点时，注意"左开右闭"，水平绘制触点时，注意应"上闭下开"。

五、PLC 工作原理

PLC 由输入部分、逻辑部分和输出部分组成，其工作原理如图 1.10 所示。输入部分的输入端子接收外部开关信息。逻辑部分处理从输入部分所取得的信息，经过逻辑运算、处理判断哪些信息需要输出，做出反应(图中为继电—接触器控制系统中的控制线路转换梯形图)。输出部分是 PLC 通过输出端子向外部负载发出执行指令的部分。

PLC 执行阶梯图程式的运作方式是逐行地先将程序码以扫描方式读入 CPU 中并最后执行控制运作。整个扫描过程中包括三大步骤，"输入状态检查"、"程式执行"、"输出状态更新"，说明如下。

步骤一"输入状态检查"：PLC 首先检查输入端元件所连接的各点开关或传感器状态(1 或 0 代表开或关)，并将其状态写入内存中对应的位置 X_n(采用八进制)。

步骤二"程式执行"：将阶梯图程式逐行存入 CPU 中运算，若程式执行中需要输入接点状态，CPU 直接自内存中查询取出。输出线圈的运算结果则存入内存中对应的位置，暂不反应至输出端 Y_n(采用八进制)。

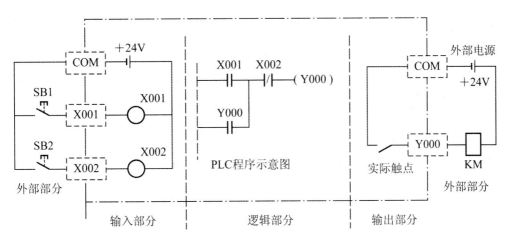

图 1.10　PLC 工作原理示意图

步骤三 "输出状态更新"：将步骤二中的输出状态更新至 PLC 输出部分接点，并且重回步骤一。

此三步骤称为 PLC 的扫描周期，而完成所需的时间称为 PLC 的反应时间，若 PLC 输入信号的时间小于此反应时间，则有误读的可能性。每次程式执行后与下一次程式执行前，输出与输入状态都会被更新一次，因此称此种运作方式为输出输入端 "程式结束再生"。

六、PLC 软元件的功能及代号

1. 输入继电器(X)

输入继电器与输入端相连，它是专门用来接收 PLC 外部开关信号的元件，PLC 通过输入接口将外部输入信号状态(接通时为 1，断开时为 0)读入并存储在输入映像寄存器中，例如图 1.11 所示的输入继电器 X1 的等效电路。

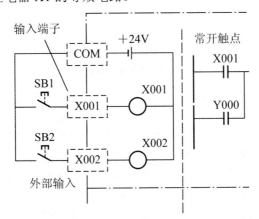

图 1.11　PLC 输入继电器 X1 的等效电路

输入继电器必须由外部信号驱动，不能用程序驱动，所以在程序中不可能出现其线圈。由于输入继电器 X 为输入映像寄存器中的状态，所以其触点的使用次数不限。

2. 输出继电器(Y)

输出继电器用来将 PLC 内部信号输出传送给外部负载(用户输出设备)。输出继电器线圈由 PLC 内部程序的指令驱动，其线圈状态传送给输出单元，再由输出单元对应的硬触点来驱动外部负载。例如图 1.12 所示的输出继电器 Y0 的等效电路。

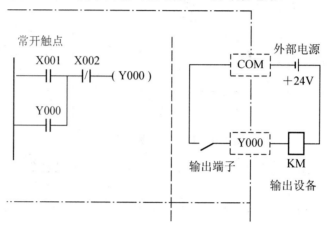

图 1.12　PLC 输出继电器 Y0 的等效电路

每个输出继电器在输出单元中都对应有唯一一个常开硬触点，但在程序中供编程的输出继电器，不管是常开还是常闭触点，都可以无数次使用。

FX 系列 PLC 的输入、输出继电器是八进制编号，其中 FX$_{2N}$ 编号范围为 X000～X267、Y000～Y267(184 点)。在实际使用中，输入、输出继电器的数量要看系统的具体配置情况。

七、相关指令

1. LD 指令

LD 指令称为"取指令"。其功能是使常开触点与左母线相连。

2. LDI 指令

LDI 指令称为"取反指令"。其功能是使常闭触点与左母线相连。LD 指令和 LDI 指令的操作元件可以是 X、Y、M、S、T、C 等。

3. OUT 指令

OUT 指令称为"输出指令"或"驱动指令"。它适用于将运算结果驱动输出给继电器 Y、辅助继电器 M、定时器 T 和计数器 C 的线圈，但不能用于输入继电器 X。OUT 指令可以连续使用，称为并行输出，在程序中不允许重复使用多个 OUT 指令输出同一元件。OUT 指令用于定时器和计数器的线圈时，必须有常数 K 紧跟，K 分别表示定时时间和计数次数。

任务实施

(1) PLC 输入点和输出点地址的分配见表 1-1。

表 1-1　任务 1.1 I/O 地址分配表

类别	元件	PLC 地址	功能	类别	元件	PLC 地址	功能
输入	SB	X0	启动按钮	输出	KM	Y0	电动机主接触器

(2) PLC 外部接线图如图 1.13 所示。

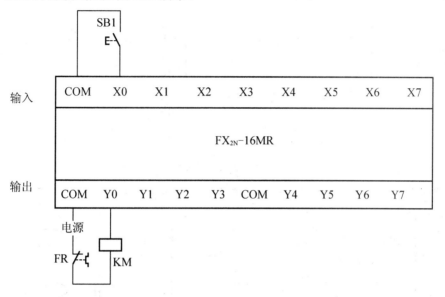

图 1.13　任务 1.1 PLC 外部接线图

(3) 设计程序梯形图如图 1.14 所示。

图 1.14　任务 1.1 梯形图

(4) 对应程序指令表如图 1.15 所示。

0	LD	X000
1	OUT	Y000
2	END	

图 1.15　任务 1.1 对应程序指令表

知识扩展

从现在开始就谨记编程的基本规则和技巧!!!

1. 编程的基本规则

(1) 触点只能与左母线相连,不能与右母线相连。

(2) 线圈只能与右母线相连，不能直接与左母线相连，画梯形图时右母线可以省略。

(3) 线圈可以并联，不能串联。

(4) 应避免双线圈输出。

2. 编程的技巧

(1) 并联电路上下位置可调，应将单个触点的支路放下面。

(2) 串联电路左右位置可调，应将单个触点放在右边。

(3) 双线圈输出的处理，如图 1.16 所示。

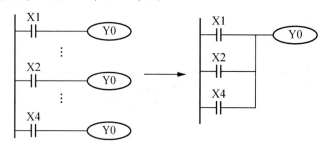

图 1.16　双线圈输出的处理

在线圈并联电路中，应将单个线圈放在上边，如图 1.17 所示。

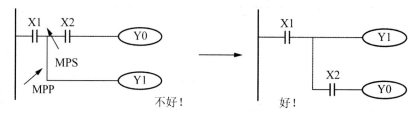

图 1.17　线圈并联的处理

桥形电路的化简方法：找出每条输出路径进行并联，如图 1.18 所示。

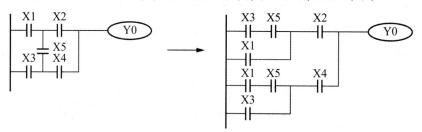

图 1.18　桥式电路的化简方法

任 务 小 结

　　本节主要介绍了熔断器、接触器、按钮等常用的低压电器的工作原理、结构、文字和图形文字符号，以及由这些低压电器元件以及连接导线组成的三相异步电动机点动控制电气线路。

熔断器在一般电气线路中主要用于短路及严重过载的保护，必须串联在电路中实现保护。

　　接触器可实现远距离控制线路的通、断。

　　规定红色按钮代表停止按钮，绿色代表启动按钮。

　　可编程序控制器是近年来被广泛应用的一种工业装置，其应用领域遍布于国民经济的各个方面。可编程序控制器是在继电—接触器系统和计算机技术的基础上发展起来的。从控制功能上来讲，可编程序控制器的应用主要有 5 类：逻辑控制、运动控制、过程控制、数据处理、通信及联网；可编程序控制器正在向小型模块化和大型、多功能两个方向发展，应用越来越广泛。

　　本节主要介绍了三菱 FX_{2N} 系列可编程序控制器的输入输出继电器的特点及内部线路的工作原理、接线方式、梯形图及指令表的编制方法。

习　　题

1. 开关设备通断时，触头间的电弧是如何产生的？常用哪些灭弧措施？
2. 简述交流接触器在电路中的作用、结构和工作原理。
3. 从接触器的结构上如何区分是交流还是直流接触器？
4. 熔断器由哪两部分组成？如何选择熔断器？
5. 线圈电压为 220V 的交流接触器，误接入 220V 直流电源上，或线圈电压为 220V 的直流接触器误接入 220V 交流电源上，会产生什么后果？为什么？
6. 交流接触器铁芯上的短路环起什么作用？若此短路环断裂或脱落，会产生什么后果？为什么？
7. 带有交流电磁铁的电器如果衔铁吸合不好会产生什么后果？为什么？如何消除影响？
8. 什么是可编程序控制器？可编程序控制器有哪些主要的特点？
9. 可编程序控制器的主要功能有哪些？
10. 可编程序控制器梯形图的编程规则是什么？

任务 1.2　电动机连续控制电路 PLC 设计

↘ 学习目标

　　(1) 掌握热继电器结构、工作原理、图形文字符号、选择原则；掌握电动机连续控制电气线路工作原理及安装调试方法。

　　(2) 掌握 OR 及 ORI 指令的基本应用。

　　(3) 理解 PLC 工作原理。

　　(4) 熟练操作编程软件。

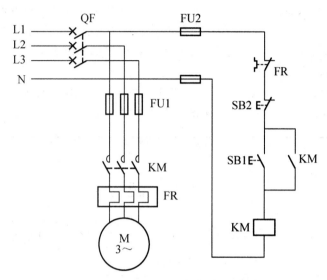

任务引入

在电动机点动控制的基础上,结合对电气控制原理图的理解能完成对应的 PLC 程序改造,在电动机有相应保护措施的情况下,能正常进行电动机的连续 PLC 控制。

电动机连续控制电路是用按钮和接触器控制电动机的最简单的控制线路,其原理图如图 1.19 所示。

图 1.19 　电动机连续控制电气原理图

相关知识

一、热继电器

在电力拖动控制系统中,当三相交流电动机出现长期带负荷欠电压运行、长期过载运行以及长期单相运行等不正常情况时,会导致电动机绕组严重过热乃至烧坏。为了充分发挥电动机的过载能力,保证电动机的正常启动和运转,当电动机一旦长时间过载时又能自动切断电路,这就是热继电器。

按相数来分,热继电器有单相、两相和三相式共 3 种类型,每种类型按发热元件的额定电压又有不同的规格和型号。三相式热继电器常用于三相交流电动机做过载保护。按职能来分,三相式热继电器又有不带断相保护和带断相保护两种类型。

1. 热继电器结构及工作原理

热继电器有各种各样的结构形式,最常用的是双金属片结构。其结构及图形文字符号如图 1.20 所示。

热继电器主要由热元件、双金属片(补偿双金属片)、触点系统以及动作机构组成。双金属片是感知元件,由两种不同膨胀系数的金属片叠压在一起。发热元件绕在金属片上串联在电路当中,常闭触点串接在控制电路的接触器线圈中。当电动机正常运转时,电流通过热元件,热元件产生热量不足以使双金属片弯曲达到一定的幅度,而通过动作机构部分将常闭触点断开。当电动机出现严重过载时,线路的电流逐渐增大,发热元件的温度也在

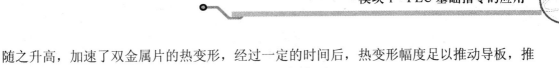

随之升高，加速了双金属片的热变形，经过一定的时间后，热变形幅度足以推动导板，推动常闭触点断开，切断控制回路，达到过载保护的作用。

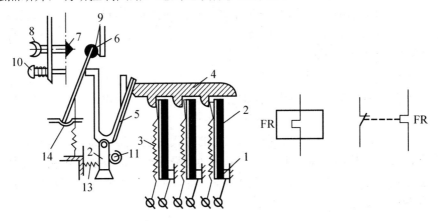

图 1.20 双金属片结构图及图形文字符号

1—接线瑞子　2、5—双金属片　3—热元件　4—导板　6、9—常闭触点　7—常开触点
8—复位螺钉　10—按钮　11—调节旋钮　12—支撑件　13—压簧　14—推杆

热继电器还有补偿双金属片，补偿双金属片的弯曲方向与主双金属片的弯曲方向一致，使热继电器的动作性能在-30～40℃的范围内基本不受周围介质温度变化的影响。

调节旋钮是一个偏心轮，它与支撑件构成一个杠杆，转动偏心轮，即可改变补偿双金属片与导板的接触距离，从而达到调节整定动作电流值的目的。

2. 热继电器的主要技术参数及选用原则

1) 主要技术参数

目前国内生产的热继电器品种很多，常用的有 JR20、JRSl、JRS2 等。JR20 系列热继电器采用立体布置式结构，且系列动作机构通用。除具有过载保护、断相保护、温度补偿以及手动和自动复位功能外，还具有动作脱扣灵活、动作脱扣指示以及断开检验按钮等功能装置。其型号意义如图 1.21 所示

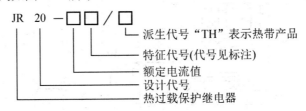

图 1.21 热继电器型号意义

特征代号：Z—表示与接触器组合安装　L—独立安装　GZ—表示标准导轨组合安装
GL—表示标准导轨独立安装

2) 选用原则

热继电器的选用是否得当，直接影响对电动机进行过载保护的可靠性，通常选用时应从电动机型式、工作环境、启动情况及负载情况等几方面综合考虑。

(1) 热继电器的额定电流原则上应按电动机的额定电流选择，但对于过载能力较差的

电动机，其配用的热继电器(主要是发热元件)的额定电流要适当小些。通常，选取的热继电器额定电流为电动机额定电流的 60%～80%。

(2) 在不频繁启动场合，要保证热继电器在电动机的启动过程中不产生误动作。通常，当电动机启动电流为其额定电流的 4～7 倍以及启动时间不超过 6s 时，若很少连续启动，就可按电动机的额定电流选取热继电器。

(3) 当电动机重复短时工作时，首先注意确定热继电器的允许操作频率，因为热继电器的操作频率是很有限的，如果用它保护操作频率较高的电动机，则效果很不理想，有时甚至不能使用。

另外，热继电器必须按照产品说明书规定的方式安装。当与其他电器安装在一起时，应将热继电器安装在其他电器的下方，以免其动作受其他电器发热的影响。在使用过程中应定期除去尘埃和污垢。当主电路发生短路事故后，应检查发热元件和双金属片是否已经发生永久性变形。在进行调整时，绝不允许弯拆双金属片。

二、低压断路器

低压断路器俗称自动空气开关，主要用于不频繁地接通、分断电路，可以用于过载保护、短路保护、欠压(失压)保护。

1. 低压断路器的结构及工作原理

低压断路器结构及图形文字符号如图 1.22 所示。主要由触头系统、传动机构和脱扣机构等组成。操作机构有直接手柄操作、杠杆操作、电磁铁操作以及电动机驱动 4 种，脱扣器又分为电磁脱扣器、热脱扣器、复式脱扣器、欠电压脱扣器、分励脱扣器 5 种。

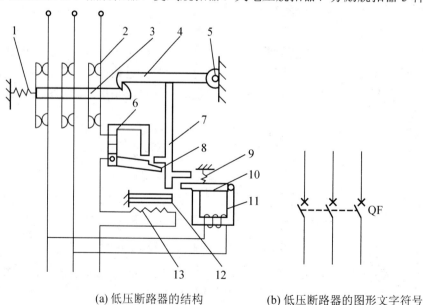

(a) 低压断路器的结构   (b) 低压断路器的图形文字符号

图 1.22　低压断路器的结构及图形文字符号

1—弹簧　2—主触点　3—传动杆　4—锁扣　5—轴　6—电磁脱扣器　7—杠杆
8、10—衔铁　9—弹簧　11—欠电压脱扣器　12—双金属片　13—发热元件

1) 热脱扣器

过电流脱扣器的发热元件串接在电路中，热元件上通过正常电流，双金属片不发生变形。脱扣器上下搭钩勾住，使 3 对主触点闭合。当电路发生短路或严重过载时，过载电流流过热元件产生一定热量，使双金属片受热向上弯曲，通过杠杆推动锁扣使主触点断开，使用电设备不致因过载而烧毁。

2) 欠电压脱扣器

当电路电压正常时，欠电压脱扣器的衔铁被吸合，衔铁与杠杆脱离，断路器主触点脱离；当电路电压下降或失去时，欠压脱扣器的吸力减小或消失，衔铁在弹簧作用下撞击杠杆，使锁扣脱离，断开主触点，实现保护。

3) 过电流脱扣器(电磁脱扣器)

电磁脱扣器上通过正常电流时，铁芯产生的电磁吸力不足以吸引衔铁；当电磁脱扣器上通过过电流时，过电流脱扣器的电磁吸力增大，将衔铁吸合，向上撞击杠杆，使上下锁扣脱离，实现断路保护。

2. 低压断路器的选择原则

(1) 断路器类型的选择应根据使用场合和保护要求来选择。如一般选用塑壳式；短路电流很大选用限流型；额定电流比较大或有选择件保护要选用框架式；控制和保护半导体器件的直流电路选用直流快速断路器等。

(2) 断路器额定电压、额定电流应大于或等于线路、设备的正常工作电压。

(3) 断路器极限通断能力大于或等于电路最大短路电流。

(4) 欠电压脱扣器额定电压等于线路额定电压。

(5) 过电流脱扣器的额定电流大于或等于线路的最大负载电流。

3. 电动机连续控制电路工作原理

合上 QF 开关。

按下启动按钮 SB1→接触器 KM 线圈得电→ $\left\{ \begin{array}{l} \text{接触器KM常开主触点闭合} \\ \text{接触器KM常开辅助触点闭合} \end{array} \right\}$ 电机连续正转

按下停止按钮 SB2→接触器 KM 线圈失电→触点恢复初始状态→电机停转。

热继电器保护工作过程：当电机正常工作时，FR 常闭触点保持常闭状态；当电机处于严重过载状态时，由于定子绕组电流增大，热元件串联在定子绕组线路中，所以以热元件发热程度会增强，导致其双金属片触碰导板推动常闭触点 FR 断开，切断接触器线圈回路，使接触器线圈失电，从而实现过载保护。

三、相关指令

1. OR/ORI 指令

OR、ORI 指令为单个触点的并联连接指令。OR 为常开触点的并联，ORI 为常闭触点的并联。

OR、ORI 操作元件可以是 X、Y、M、S、T、C 等。

2. SET、RST 指令

SET 为置位指令(接通并保持)，RST 为复位指令。

SET 执行后，对象为 ON 状态并自锁，无视驱动条件满足与否，直到 RST 才 OFF，其编程元件可以是 Y、M、S。RST 指令的编程元件是 Y、M、S、T、C、D。

任务实施

(1) PLC 输入点和输出点地址的分配见表 1-2。

表 1-2 任务 1.2 I/O 地址分配表

类 别	元 件	PLC 地址	功 能	类 别	元 件	PLC 地址	功 能
输入	SB1	X1	启动按钮	输出	KM	Y0	电动机主接触器
	SB2	X2	停止按钮				

(2) PLC 外部接线图如图 1.23 所示。

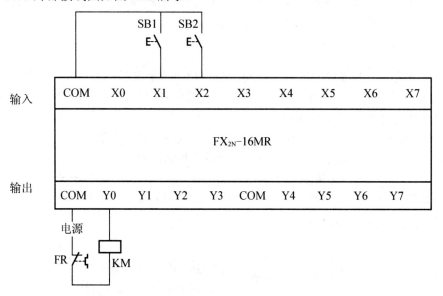

图 1.23 任务 1.2 PLC 外部接线图

(3) 设计程序梯形图如图 1.24 所示。

设计程序一：

```
   X001    X002
0  ─┤├──────┤/├─────────────────────────────────( Y000 )
   Y000
   ─┤├─
4  ──────────────────────────────────────────────[ END ]
```

设计程序二：

```
   X001
0  ─┤├──────────────────────────────────────[ SET Y000 ]
   X002
2  ─┤├──────────────────────────────────────[ RST Y000 ]
4  ──────────────────────────────────────────────[ END ]
```

图 1.24 任务 1.2 梯形图

(4) 对应程序指令表如图 1.25、图 1.26 所示。

0	LD	X001		0	LD	X001
1	OR	Y000		1	SET	Y000
2	ANI	X002		2	LD	X002
3	OUT	Y000		3	RST	Y000
4	END			4	END	

图 1.25　任务 1.2 程序一指令表　　　　图 1.26　任务 1.2 程序二指令表

 知识扩展

对于停止按钮，外部接常闭，如图 1.27 所示，其程序内部怎样设置？

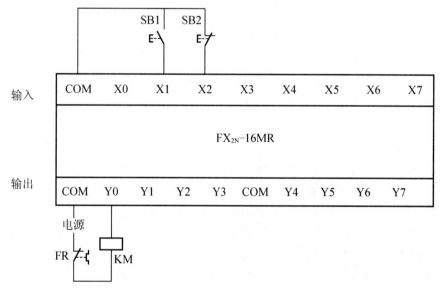

图 1.27　任务 1.2 扩展的 PLC 外部接线图

调整后的梯形图如图 1.28 所示。

图 1.28　调整后的梯形图

任 务 小 结

　　本节主要介绍了常用低压电器中的热继电器、低压断路器的工作原理、结构特点及文字图形符号，特别强调了低压电器选用的原则。

热继电器的主要作用是对三相异步电动机起到过载保护的作用，本节主要介绍了双金属片类型的热继电器。当电动机过载时，定子绕组的电流明显增大，根据公式 $Q = I^2 Rt$ 可知，随着时间的变化，温度 Q 越来越高，足以使双金属片产生热变形，通过推杆推动使常闭触点断开从而实现对电路的保护。从以上分析可知，热继电器的过载保护不是在短时间能实现的，而要经过一个时间过程才能实现。

　　低压断路器俗称空气开关，通过其内部机械结构和自由脱扣器、过电流脱扣器、分励脱扣器、热脱扣器和失压脱扣器几个部分可以实现对电路的短路、过载、失压、欠压以及远距离操作等保护，目前市场应用非常广泛。

　　本任务要求掌握可编程序控制器 OR、ORI 等指令的灵活应用。

习　题

　　1. 热继电器的工作原理是什么？试画出热继电器的图形文字符号。

　　2. 电路中有了熔断器进行保护，为什么还需要加装热继电器？这两种保护器件能否相互代替，为什么？

　　3. 一般电动机的启动电流非常大，启动时热继电器应不应该动作？为什么？

　　4. 简述低压断路器的工作原理。试画出低压断路器的图形文字符号。

　　5. 低压断路器中有哪些保护装置？

　　6. 可编程序控制器由哪几部分组成？各部分的主要作用是什么？

　　7. 可编程序控制器输出接口电路有哪几种形式？各自适用于什么类型的负载？

　　8. 可编程序控制器的一个工作周期包括哪几个阶段？

　　9. 可编程序控制器有哪些编程语言？常用的是什么编程语言？

任务 1.3　电动机连续与点动混合控制 PLC 设计

↘ 学习目标

　　(1) 掌握中间继电器的结构及工作原理、图形文字符号，掌握电动机点动加连续混合控制电路的工作原理、安装调试方法。

　　(2) 掌握辅助继电器 M 的基本应用。

　　(3) 理解 PLC 的工作原理。

　　(4) 熟练操作编程软件。

↘ 任务引入

　　在电动机连续及点动控制的基础上，结合对电气控制原理图的理解完成对应的 PLC 程序改造，在电动机有相应保护措施的情况下，能正常进行电动机的连续与电动综合 PLC 控制。

电动机连续及点动控制电路是用按钮和接触器及中间继电器结合控制电动机的实用性控制线路，其原理图如图 1.29 所示。

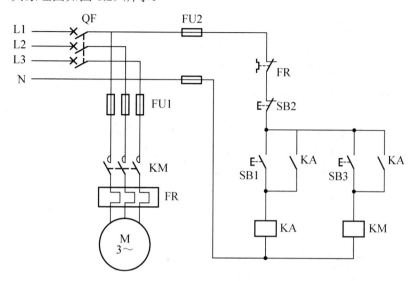

图 1.29　电动机连续及点动控制电气原理图

工作原理分析：合上电源开关 QF。

按下启动按钮 SB1，辅助继电器 KA 得电吸合并自锁，使交流接触器 KM 连续得电，电动机连续运转。

按下停止按钮 SB2，接触器 KM 失电，电动机停止运行。

按下启动按钮 SB3，交流接触器 KM 得电但不自锁，电动机启动运行。

▶ 相关知识

一、中间继电器

中间继电器是在控制电路中传输或转换信号的一种电器，常用于扩展控制触点数量或增加触点容量。其工作原理与接触器相同。中间继电器种类很多，除专门的中间继电器之外，额定电流较小(不大于 5A)的接触器也常被用做中间继电器。

中间继电器触头数量较多，没有主触点和辅助触点的区别。

中间继电器的图形文字符号如图 1.30 所示。文字符号为 KA。

目前国内常用的中间继电器有 JZ7、JZ8(交流)以及 JZ14、JZ15、JZ17(交直流)。其型号意义如图 1.31 所示。

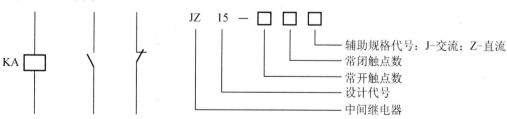

图 1.30　中间继电器的图形文字符号　　　　图 1.31　中间继电器型号意义

二、电压继电器

电压继电器的励磁线圈与被测量电路并联，根据励磁线圈两端的电压值而动作，可作为电路的过电压或欠电压保护电器。为了不影响被测电路的正常工作，要求电压继电器的励磁线圈匝数要多，导线截面要小，线圈阻抗要大。

电压继电器根据动作值的不同分为过电压、欠电压和零电压继电器。过电压继电器在电路电压为$(110\% \sim 115\%)U_N$时吸合动作。欠电压继电器在电路电压为$(40\% \sim 70\%)U_N$时释放，零电压继电器在电路电压降至$(5\% \sim 25\%)U_N$时释放。交流励磁的过电压继电器在电路正常时不动作，只有在电路电压超过额定电压达到整定值时才动作，一旦动作就将电路切断。为此，在过电压继电器的铁芯和衔铁上可以不安放短路环。

电压继电器的图形文字符号如图 1.32 所示。

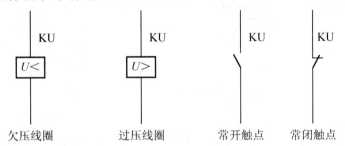

图 1.32　电压继电器的图形文字符号

三、电流继电器

电流继电器的励磁线圈串接在被测电路中，根据励磁线圈的电流值而动作，对电路实现过电流与欠电流保护。为了不影响被测电路的正常工作，电流继电器的线圈匝数应尽量少，导线截面要大，阻抗值要小。

电流继电器根据动作值的不同分为过电流继电器和欠电流继电器两种。欠电流继电器的吸引电流为线圈额定电流的 $30\% \sim 65\%$，释放电流为额定电流的 $10\% \sim 20\%$；过电流继电器在电路正常工作状态下不动作，当线圈电流超过某一整定值时才动作，整定值通常为$(1.1 \sim 1.4)I_N$(I_N为励磁线圈额定电流)。因此，交流过电流继电器的铁芯和衔铁也可不安放短路环。

电流继电器的图形文字符号如图 1.33 所示。

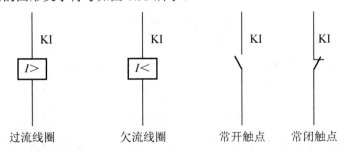

图 1.33　电流继电器的图形文字符号

四、辅助继电器

辅助继电器是 PLC 中数量最多的一种继电器，一般的辅助继电器与继电器控制系统中的中间继电器相似。

辅助继电器不能直接驱动外部负载，负载只能由输出继电器的外部触点驱动。进行 PLC 内部编程时辅助继电器的常开与常闭触点可以无限次使用。辅助继电器采用 M 与十进制共同组成编号。

1) 通用辅助继电器(M0～M499)

FX$_{2N}$ 系列共有 500 点通用辅助继电器，通用辅助继电器在 PLC 运行时，如果电源突然断电，则全部线圈均 OFF，它们没有断电保护功能。通用辅助继电器常用于逻辑运算中的辅助运算、状态暂存、移位等。

2) 断电保持辅助继电器(M500～M3071)

FX$_{2N}$ 系列有 M500～M3071 共 2572 个断电保持辅助继电器。与普通辅助继电器不同的是它具有断电保护功能，即能记忆电源中断的瞬时状态，并在重新通电后再现其状态。PLC 内有大量的特殊辅助继电器，它们都有各自的特殊功能，在后面章节做介绍。

任务实施

(1) PLC 输入点和输出点地址的分配见表 1-3。

表 1-3　任务 1.3 I/O 地址分配表

类别	元件	PLC 地址	功能	类别	元件	PLC 地址	功能
输入	SB1	X1	启动按钮	输出	KM	Y0	电动机主接触器
	SB2	X2	停止按钮				
	SB3	X3	点动按钮				

(2) PLC 外部接线图如图 1.34 所示。

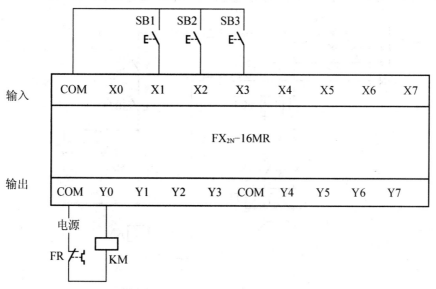

图 1.34　任务 1.3 PLC 外部接线图

(3) 设计程序梯形图如图 1.35 所示。

```
      X000
0 ─┤├───────────────────────────────( M0 )
      M0
2 ─┤├───────────────────────────────( Y000 )
      M1
  ─┤├─
      X001   X002
5 ─┤├───┤/├─────────────────────────( M1 )
      M1
9 ─┤├────────────────────────────────[ END ]
```

图 1.35　任务 1.3 梯形图

(4) 对应程序指令表如图 1.36 所示。

```
0    LD    X000
1    OUT   M0
2    LD    M0
3    OR    M1
4    OUT   Y000
5    LD    X001
6    OR    M1
7    ANI   X002
8    OUT   M1
9    END
```

图 1.36　任务 1.3 指令表

 知识扩展

对于如图 1.37 所示的连续及点动电气控制原理图，应怎样设计其 PLC 改造程序呢？

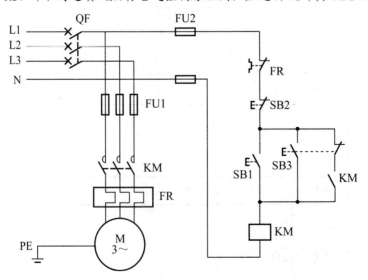

图 1.37　连续及点动电气控制原理图

任 务 小 结

　　本节主要介绍了中间继电器、电压继电器、电流继电器等低压继电器的工作原理、结构特点、图形文字符号。

　　中间继电器的主要作用是增加接触器的常开或常闭触点的数量，其工作原理与接触器的原理相同，其触点电流小于接触器触点流过的电流。当电路电流小于 5A 时，可用中间继电器代替接触器。

　　电流继电器分为过电流继电器和欠电流继电器。过电流继电器是当线路电流超过其整定值时，衔铁才能被吸引，带动触点动作，可进行过电流保护。当电流超过一定数值的时候，衔铁吸合，常闭触点断开，可以保护电路。欠电流继电器与之相反，当线路中的电流小于整定值时，衔铁被释放。

　　电压继电器也分为过电压继电器和欠电压继电器，其保护的原理与电流继电器相同。

　　可编程序控制器的辅助继电器(M)有通用辅助继电器和断电保持型继电器之分，同时还有特殊辅助继电器，将在后面的章节中介绍。

习　　题

　　1. 中间继电器与接触器有何异同?在什么条件下可用中间继电器来代替接触器启动电动机?

　　2. 是否可用过电流继电器进行电动机的过载保护？为什么？

　　3. 什么是失压保护和欠压保护？利用哪些电器装置可以实现失压保护和欠压保护？

　　4. 根据图 1.38 所示的控制线路情况，分析其分别有哪些控制功能或错误。

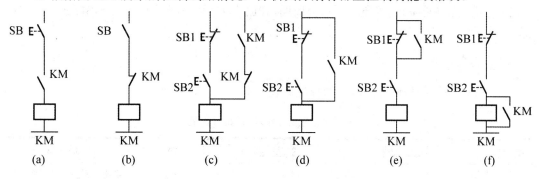

图 1.38　控制线路

　　5. 点动、长动在控制电路上的区别是什么？试用按钮、转换开关、中间继电器、接触器等电器，分别设计出既能长动又能点动的控制线路。

任务 1.4　单按钮控制电动机起停的 PLC 设计

学习目标

(1) 掌握辅助基本指令 PLS、PLF 的功能及应用。

(2) 理解 PLC 的工作原理。

(3) 熟练操作编程软件。

任务引入

应用 PLC 基础编程指令，完成单按钮对电动机的启动和停止的控制，通过软件编程，节省 PLC 的输入点。

单按钮控制电动机起停的解释是按一下按钮，输入的是启动信号，再按一下该按钮，输入的则是停止信号，即单数次为启动信号，双数次为停止信号，如图 1.39 所示。

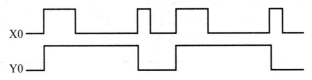

图 1.39　单按钮控制电动机时序图

相关知识

PLS、PLF 指令

PLS (Pulse)：上升沿微分输出指令。

PLF：下降沿微分输出指令。

两条指令是三菱的边沿检测指令(三菱称为微分指令)，它的特点是出现边沿(上升沿或者下降沿)变成高电平，并且只能维持一个扫描周期。指令只能用于编程元件 Y 和 M，PLS 为信号上升沿(OFF→ON)接通一个扫描周期，PLF 为信号下降沿(ON→OFF)接通一个扫描周期。

任务实施

(1) PLC 输入点和输出点地址的分配见表 1-4。

表 1-4　任务 1.4 I/O 地址分配表

类　别	元　件	PLC 地址	功　能	类　别	元　件	PLC 地址	功　能
输入	SB	X0	启动按钮	输出	KM	Y0	电动机主接触器

(2) PLC 外部接线图如图 1.40 所示。

(3) 程序设计梯形图一如图 1.41 所示。

(4) 对应程序指令表如图 1.42 所示。

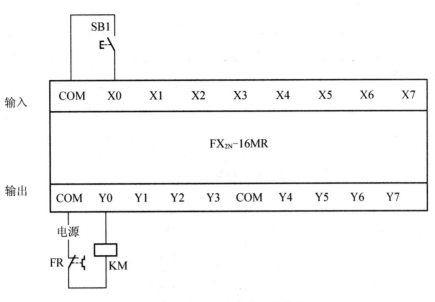

图 1.40　任务 1.4 PLC 外部接线图

```
0  ──┤├─────────────────────────────────[ PLS  M0 ]
      X000
      M0    Y000
3  ──┤├──────┤├───────────────────────────( M1 )
      M0     M1
6  ──┤├──────┤/├──────────────────────────( Y000 )
    ┌─┤├─┐
    │ Y000
10 ─────────────────────────────────────[ END ]
```

图 1.41　任务 1.4 梯形图一

0	LD	X000
1	PLS	M0
3	LD	M0
4	AND	Y000
5	OUT	M1
6	LD	M0
7	OR	Y000
8	ANI	M1
9	OUT	Y000
10	END	

图 1.42　任务 1.4 指令表一

(5) 程序设计梯形图二如图 1.43 所示。

(6) 对应的程序指令表如图 1.44 所示。

(7) 程序设计梯形图三如图 1.45 所示。

(8) 对应程序指令表如图 1.46 所示。

```
      X000
  0  ─┤├──────────────────────────────────────────[ PLF  M0 ]
      M0
  3  ─┤├──────────────────────────────────────────[ SET Y000 ]
      X000   Y000
  5  ─┤├─────┤├──────────────────────────────────[ PLF  M1 ]
      M1
  9  ─┤├──────────────────────────────────────────[ RST Y000 ]
 11  ──────────────────────────────────────────────[ END ]
```

图 1.43　任务 1.4 梯形图二

```
  0    LD        X000
  1    PLF       M0
  3    LD        M0
  4    SET       Y000
  5    LD        X000
  6    AND       Y000
  7    PLF       M1
  9    LD        M1
 10    RET       Y000
 11    END
```

图 1.44　任务 1.4 指令表二

```
      X000
  0  ─┤├──────────────────────────────────────────[ PLS  M0 ]
      M0    Y000
  3  ─┤├────┤╱├──┐
      Y000   M0  │                                 ( Y000 )
     ─┤├────┤╱├──┘
  9  ──────────────────────────────────────────────[ END ]
```

图 1.45　任务 1.4 梯形图三

```
  0    LD        X000
  1    PLS       M0
  3    LD        M0
  4    ANI       Y000
  5    LD        Y000
  6    ANI       M0
  7    ORB
  8    OUT       Y000
  9    END
```

图 1.46　任务 1.4 指令表三

　知识扩展

分析图 1.47 所示的程序梯形图，它能实现单按钮控制电动机启动和停止的功能吗？

```
      X000
  0 ──┤├─────────────────────────────────────────────────[ PLS  M0 ]
      M0     M1
  3 ──┤├─────┤/├──────────────────────────────────────────( Y000 )
     Y000 │
     ──┤├──┘
      M0     Y000
  7 ──┤├─────┤├───────────────────────────────────────────( M1 )
 10 ──────────────────────────────────────────────────────[ END ]
```

图 1.47　梯形图分析

<h1 align="center">任 务 小 结</h1>

　　微分脉冲电路可以用基本逻辑电路来实现，也可以通过微分脉冲输出指令产生，还可以用脉冲式触点指令产生。

　　本节介绍了使用单按钮控制一台电动机的启动和停止，即对于同一个按钮，按第一下使 KM 线圈得电，电动机运转，按第二下使 KM 线圈失电，电动机停转，主要采用了 FX_{2N} 系列 PLC 的上升沿微分指令 PLS 和下降沿微分指令 PLF。这两个指令都是 PLC 内的基本指令，其操作数为输出继电器 Y 和辅助继电器 M。

　　其特点是：①PLS 和 PLF 指令的作用是在控制条件满足的瞬间，触发后面的被控对象，使其接通一个扫描周期；②在程序中，对微分指令使用次数无限制；③特殊辅助继电器不能用做 PLS、PLF 的操作元件。

　　对于本控制要求，可以采用 FX_{2N} 系列 PLC 的功能 ALT 来实现，将在后面的章节中进行介绍。

<h1 align="center">习 题</h1>

　　1. 试用触点上升沿微分指令或触点下降沿微分指令设计 PLC 程序，实现用单按钮控制一盏指示灯亮灭的功能。

　　2. 为什么电动机要设零电压和欠电压保护？

　　3. 可编程序控制器与传统的继电—接触器相比有哪些优点？

　　4. 简化或改正图 1.48 所示的梯形图，并写出其指令表程序。

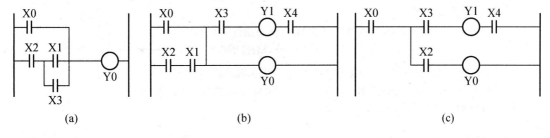

图 1.48　习题 4 的梯形图

任务 1.5　电动机正反转控制 PLC 设计

学习目标

(1) 掌握正反转电气控制线路的特点、电气原理图工作原理。
(2) 掌握连锁控制在 PLC 中的应用。
(3) 理解 PLC 的工作原理。
(4) 熟练操作编程软件。

任务引入

结合对电动机正反转电气控制原理图的理解，完成对应的 PLC 程序改造，在电动机有相应保护措施的情况下，能正常进行电动机正反转的综合 PLC 控制。

电动机正反转控制，即能够进行正反转直接切换，有能进行短路保护的实用性控制线路，其原理图如图 1.49 所示。

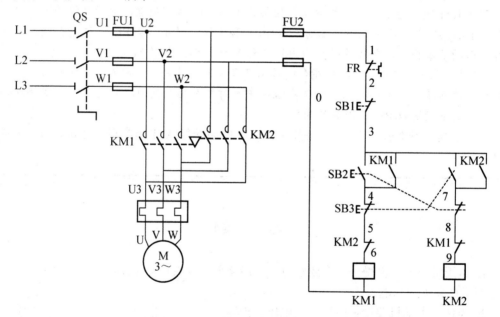

图 1.49　电动机正反转控制电气原理图

工作原理分析如下。

合上电源开关 QS。

按下按钮 SB2 → { 常闭触点(7、8先断开)使KM2线圈不能得电实现按钮互锁
　　　　　　　{ 常开触点(3、4后闭合) → 接触器KM1线圈得电 ———

→ { KM1常闭触点(8、9先断开)使KM2线圈不能得电实现接触器互锁
　　{ KM1常开辅助触点(3、4后闭合)实现自锁，使KM1接触器线圈保持得电状态
　　{ KM13对常开主触点闭合，电动机正转

反转留给读者自己分析。

停止时，按下停止按钮 SB1，接触器 KM1 线圈失电，触点恢复成初始化状态，电机停转。

相关知识

一、行程开关

行程开关又称为位置开关或限位开关，它的作用是将机械位移转变为电信号，使电动机运行状态发生改变，即按一定行程自动停车、反转、变速或循环，从而控制机械运动或实现安全保护。行程开关常装在基座的某个预定位置，被控对象的运动部件装有撞块。当挡块碰上行程开关时，行程开关就通过机械可动部分的动作，将机械信号转换为电信号，对控制电路发出指令以实现对机械系统的自动控制。行程开关被广泛用于各类机床和起重机械等有位置要求或顺序要求的机械设备中。

直动式行程开关的结构图如图 1.50 所示。行程开关的工作原理与控制按钮相同，区别仅是行程开关不是靠手指的按压，而是利用生产机械运动部件上撞块的碰压而使触点动作的。行程开关的图形文字符号如图 1.51 所示。

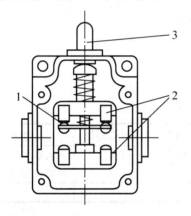

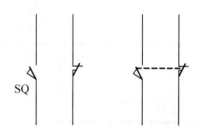

图 1.50　直动式行程开关结构图

图 1.51　行程开关图形文字符号

1—动触点　2—静触点　3—推杆

二、接近开关

接近开关是一种非接触式开关，当物体接近某一信号机构时，信号机构发出接近信号。它不需要机械式行程开关施以机械力。接近开关的用途已远超出一般行程控制和限位保护，它还可用于检测、计数、测速，可直接与计算机或可编程控制器的接口电路连接，用做它们的传感器。

无触头的接近开关与有触头的行程开关相比，其优点是：动作可靠、反应速度快(即操作频率高)、寿命长、灵敏度高、没有机械损耗、适应恶劣的工作环境等，所以在工业生产方面已逐渐得到推广应用。

接近开关按其激励方式(输入信号)、接收方式可分为电感式、电容式和超声波式 3 种，其中以电感式接近开关最为常用。电感式接近开关用于检测金属材料，电容性接近开关用于检测非金属材料。

图 1.52 是电感式接近开关的工作原理图。接近开关由一个高频振荡器和一个整形放大器组成。振荡器振荡后，在开关的检测面产生交变磁场。当金属体接近检测面时，金属体

产生涡流，吸收了振荡器的能量，使振荡减弱以致停振。通过将"振荡"和"停振"两种不同的状态由整形放大器转换成"高"和"低"两种不同的电平，从而起到"开"和"关"的控制作用。

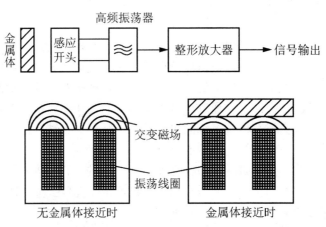

图 1.52 电感式接近开关原理图

任务实施

(1) PLC 输入点和输出点地址的分配见表 1-5。

表 1-5 任务 1.5 I/O 地址分配表

类别	元件	PLC 地址	功能	类别	元件	PLC 地址	功能
输入	SB1	X1	正转按钮	输出	KM1	Y1	正转接触器
	SB2	X2	停止按钮		KM2	Y2	反转接触器
	SB3	X3	反转按钮				

(2) PLC 外部接线图如图 1.53 所示。

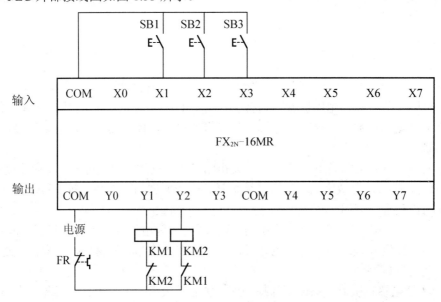

图 1.53 任务 1.5 PLC 外部接线图

(3) 设计程序梯形图，如图 1.54 所示。

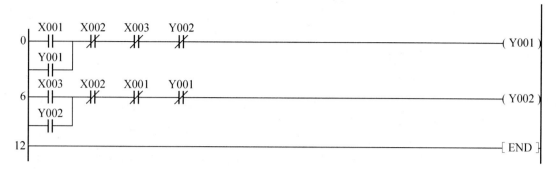

图 1.54　任务 1.5 梯形图

(4) 对应程序指令表如图 1.55 所示。

0	LD	X001
1	OR	Y001
2	ANI	X002
3	ANI	X003
4	ANI	Y002
5	OUT	Y001
6	LD	X003
7	OR	Y002
8	ANI	X002
9	ANI	X001
10	ANI	Y002
11	OUT	Y002
12	END	

图 1.55　任务 1.5 指令表

 知识扩展

关于基于正反转的控制，分析图 1.56 所示的位置与自动循环控制的电气控制原理图，思考是否能进行相应的 PLC 程序改造。

程序设计参考如下。

(1) I/O 分配见表 1-6。

表 1-6　扩展任务的 I/O 地址分配表

类别	元件	PLC 地址	功能	类别	元件	PLC 地址	功能
输入	SB1	X1	正转启动按钮	输出	KM1	Y1	正转接触器
	SB2	X2	反转启动按钮		KM2	Y2	反转接触器
	SB3	X3	停止按钮				
	SQ1	X4	反向位置控制				
	SQ2	X5	正向位置控制				
	SQ3	X6	正向终端保护控制				
	SQ4	X7	反向终端保护控制				

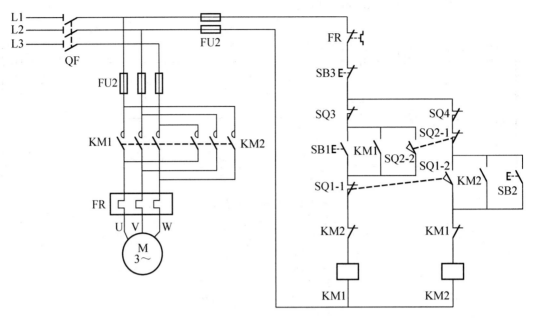

图 1.56　位置与自动循环电气控制原理图

(2) PLC 外部接线图如图 1.57 所示。

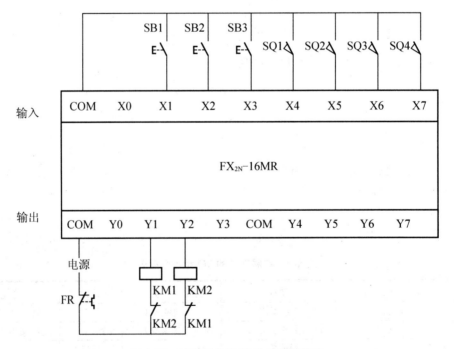

图 1.57　扩展任务的 PLC 外部接线图

(3) 程序设计梯形图如图 1.58 所示。

(4) 对应程序指令表如图 1.59 所示。

```
      X001   X003   X004   X006   Y002
 0 ──┤├──┬──┤/├───┤/├───┤/├───┤/├─────────────────────────( Y001 )
      Y001 │
    ──┤├──┤
      X005 │
    ──┤├──┘

      X002   X003   X005   X007   Y001
 8 ──┤├──┬──┤/├───┤/├───┤/├───┤/├─────────────────────────( Y002 )
      Y002 │
    ──┤├──┤
      X004 │
    ──┤├──┘

16 ──────────────────────────────────────────────────────[ END ]
```

图 1.58　参考程序梯形图

```
 0    LD      X001
 1    OR      Y001
 2    ANI     X003
 3    ANI     X004
 4    ANI     Y006
 5    ANI     Y002
 6    OUT     Y001
 7    LD      X002
 8    OR      Y002
 9    ANI     X003
10    ANI     Y005
11    ANI     X007
12    ANI     Y001
13    OUT     Y002
14    END
```

图 1.59　扩展任务的指令表

任 务 小 结

本节主要介绍了三相异步电动机的正反转电气控制线路。

为了保证电力拖动自动控制系统中的电动机、各种低压电器和控制电路能正常运行，消除可能出现的有害因素，并在出现电气故障时，尽可能将故障缩小到最小范围，以保障人身和设备的安全，必须对电力拖动自动控制系统设置必要的联锁和保护环节。

(1) 联锁环节：在电气控制电路中可设置电气联锁与机械联锁，以保证生产工艺要求的实现与电路安全可靠地工作。一般在电气控制电路出现故障时，要迅速切断电源，防止故障扩大，常用的联锁环节有互锁环节、动作顺序联锁环节、电气元件与机械操作手柄的联锁等。

(2) 电动机的保护环节：常用的电动机保护环节有短路保护、零压和欠压保护、过载场保护等。

① 短路保护：电动机发生短路时，电路中流过很大短路电流，此时应迅速、可靠地切断电源回路，使电动机停转，避免短路电流强大的效力和电动力破坏绕组绝缘和机械设备，实现短路保护。短路保护装置不应受到启动电流的影响而误动作，常用的短路保护装置为熔断器。

② 热保护：电动机长期处于过载运行状况时，绕组中流过的电流将长期超过额定值，此时应立即切断电源回路，使电动机停转，避免过载电流使绕组温升过高而损坏绕组绝缘，实现热保护。热保护又称为电动机的长期过载保护，常用的热保护装置为热继电器。

(3) 零压和欠压保护：当外因使电源电压突然消失时，要立即切断电源回路，使电动机停转，避免电源电压恢复后电动机自行启动，造成人身及设备事故，实现零压保护。

当外因使电源电压过分降低时，要立即切断电源回路，使电动机停转，避免引起电动机转速下降甚至堵转，电动机电流增大造成绕组过热而损坏，控制电器不能正常吸合甚至发生误动作造成故障，实现欠压保护。实现欠压和失压保护的低压电器是接触器。

在电力拖动自动控制系统中，根据不同的工作情况可以为电动机设置一种或几种保护措施。保护装置有多种类型，对于同一种保护要求可选用不同类型的保护装置。在选用保护装置时，应考虑保护装置自身的保护特性、电动机的容量、电路情况及保护元件的经济指标等因素。电动机的各种保护见表1-7。

表 1-7　电动机的各种保护

保护名称	故障原因	采用的保护元件
短路保护	电动机绕组短路	熔断器、自动开关
过流保护	不正确启动、过大的负载转矩，频繁正反转启动	过流继电器
热保护	长期过载运行	热继电器、热敏电阻、自动开关、热脱扣器
零压、欠压保护	电源电压突然消失或降低	欠压继电器、接触器或中间继电器
弱磁场保护	直流电动机励磁电流突然消失或减小	欠电流继电器
超速保护	电压过高、弱磁场	离心开关、测速发电机

习　　题

1. 试画出某机床主电动机控制电路图。要求：

(1) 可正反转。

(2) 可正向点动。

(3) 两处起停。

2. 如图 1.60 所示，要求按下启动按钮后能依次完成下列动作。试用低压电器设计电气控制线路图，并把电气控制线路图改造成 PLC 程序设计，要求有 I/O 分配、外部接线、梯形图和指令表。

(1) 运动部件 A 从 1 到 2。

(2) 接着 B 从 3 到 4。

(3) 接着 A 从 2 回到 1。

(4) 接着 B 从 4 回到 3。

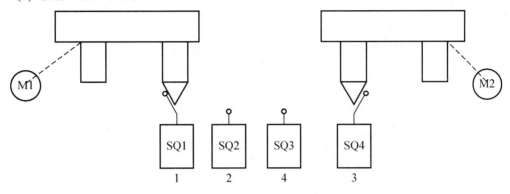

图 1.60　习题 2 线路图

3. 在电动机可逆运行的控制线路中，为什么必须采用联锁环节控制？有的控制电路中已采用了机械联锁，为什么还要采用电气互锁？若出现两种互锁触头接错，线路会产生什么现象？

4. 某机床的主轴和液压泵分别由两台笼型异步电动机 M1、M2 来拖动。试设计控制线路，其要求如下：①液压泵电动机 M1 启动后主轴电动机 M2 才能启动；②主轴电动机能正反转，且能单独停车；③该控制线路具有短路、过载、失电压和欠电压保护。

5. 试设计一台 4 级皮带运输机，分别由 M1、M2、M3、M4 这 4 台电动机拖动。其动作程序如下。①启动时要求按 M1-M2-M3-M4 顺序启动；②停机时要求按 M4-M3-M2-M1 顺序停机；③按时间原则实现。

试用低压电器设计电气控制线路图，并把电气控制线路图改造成 PLC 程序设计，要求有 I/O 分配、外部接线、梯形图和指令表。

任务 1.6　电动机降压启动控制 PLC 设计

学习目标

(1) 掌握时间继电器的结构特点、工作原理、图形文字符号，掌握降压启动的原则，掌握丫-△降压启动电路的工作原理。

(2) 掌握 PLC 中定时器的应用。

(3) 理解 PLC 的工作原理。

(4) 熟练操作编程软件。

任务引入

结合对电动机星三角降压启动电气控制原理图的理解，完成对应的 PLC 程序改造，在电动机有相应保护措施的情况下，能正常进行电动机星三角降压启动的综合 PLC 控制。

电动机星三角降压启动控制是通过降低启动电压来实现电动机启动保护的实用性控制线路，其原理图如图 1.61 所示。

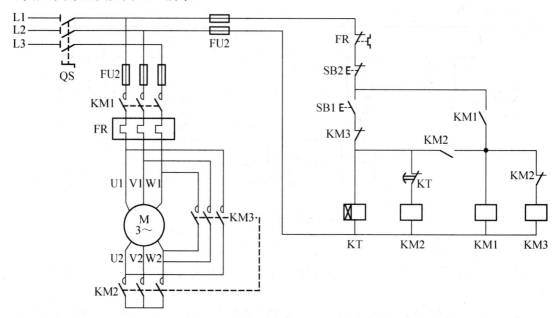

图 1.61　电动机星三角降压启动电气控制原理图

相关知识

一、时间继电器

时间继电器按照所需时间原则，延时接通或断开控制的电路，以控制生产机械的各种动作。它是按整定时间长短进行动作的控制电器。

时间继电器按其延时原理分为电磁式、电动式、空气阻尼式和电子式时间继电器，按延时方式分为通电延时型、断电延时型。电磁式时间继电器是利用电磁阻尼原理而产生延时的，其特点是延时时间短(如 JT3 通用继电器只有 0.3～0.5s)，延时精度差，稳定性不高，而且只能是直流供电，断电延时；但其结构简单，价格低廉，寿命长，继电器本身适应能力较强，输出容量往往较大，在一些要求不太高，工作条件又较恶劣的场合(如起重机控制系统)常采用这种时间继电器。电动式时间继电器精度高，延时时间长(如 JS10 型通用继电器延时为几分钟到数小时)，但价格昂贵，结构复杂，寿命短。电子式时间继电器以时钟脉冲为基准，精度高，设定方便，体积小，读数直观。空气阻尼式具有结构简单、延时时间较长(如 JS7 型通用继电器为 0.4～180s)、寿命长、价格低等优点。

空气阻尼式时间继电器的结构如图 1.62 所示。

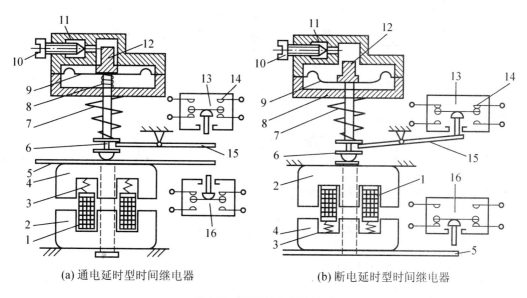

(a) 通电延时型时间继电器   (b) 断电延时型时间继电器

图 1.62   时间继电器结构图

1—线圈   2—静铁芯   3—弹簧   4—衔铁   5—推板   6—顶杆   7—塔形弹簧   8—弹簧   9—橡皮膜
10—螺钉   11—进气孔   12—活塞   13、16—微动开关   14—延时触点   15—杠杆

如图 1.62(a)所示，当电磁铁线圈通电后，衔铁克服弹簧阻力与静铁芯吸合，于是顶杆与衔铁之间有一段间隙。在塔形弹簧的作用下，顶杆就向下移动。顶杆与活塞相连，活塞下面固定橡皮膜。活塞向下移动时，橡皮膜上面形成空气稀薄的空间，与橡皮胶下面的空气形成压力差，对活塞的移动产生阻尼作用，使活塞移动速度减慢。在活塞顶部有一个小的进气孔(图中未画出)，逐渐向橡皮膜上面的空间进气，平衡上下两空间压力差。当活塞下降到一定位置时，杠杆使触点动作(常闭触点断开、常开触点闭合)。延时时间为自电磁铁线圈通电时刻起到触点动作时为止的这段时间，通过调节螺钉调节进气量的多少来调节延时时间的长短。当线圈断电时，电磁吸力消失，衔铁在弹簧的作用下释放，并通过顶杆将活塞推向上端，这时橡皮膜上方气室内的空气通过橡皮胶、弹簧和活塞的肩部所形成的单向阀迅速地从橡皮膜下方的气室缝隙中排掉，因此杠杆与微动开关能迅速复位。

在线圈通电和断电时，微动开关在推板的作用下都能瞬时动作，即时间继电器的瞬时动作触点。

图 1.62(b)是断电延时型时间继电器的结构原理图，其延时原理与通电延时型时间继电器相同，留给读者自行分析。

时间继电器的图形符号如图 1.63 所示，文字符号为 KT。

其缺点是：延时误差大($\pm 10\%$～$\pm 20\%$)，延时值易受周围环境温度的影响。在延时精度要求较高的场合，不宜采用这种时间继电器。

目前，国内常用的空气阻尼式时间继电器有 JS7、JS16、JS23 等系列。型号意义如图 1.64 所示。

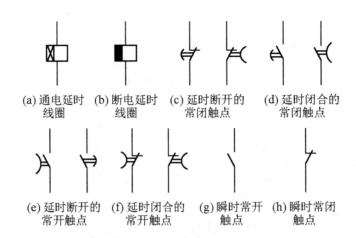

(a) 通电延时　(b) 断电延时　(c) 延时断开的　(d) 延时闭合的
　　线圈　　　　　线圈　　　　常闭触点　　　　常闭触点

(e) 延时断开的　(f) 延时闭合的　(g) 瞬时常开　(h) 瞬时常闭
　　常开触点　　　常开触点　　　　触点　　　　　触点

图 1.63　时间继电器的图形文字符号

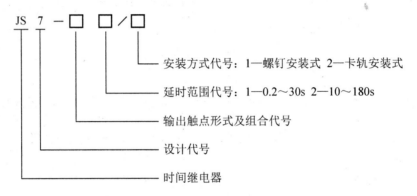

安装方式代号：1—螺钉安装式 2—卡轨安装式

延时范围代号：1—0.2～30s 2—10～180s

输出触点形式及组合代号

设计代号

时间继电器

图 1.64　时间继电器型号意义

二、丫-△降压启动原理

　　丫-△启动时，定子绕组承受的电压只有做三角形联结时的 $1/\sqrt{3}$，启动电流为直接启动时的启动电流 1/3，而启动转矩也为直接启动时的 1/3。

　　丫-△启动方法简单，价格便宜，因此在轻载启动条件下，应优先采用。我国采用丫-△启动方法的电动机额定电压都是 380V，绕组是△接法。

　　丫-△降压启动电动机接线图如图 1.65 所示。

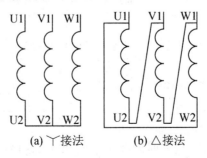

(a) 丫接法　　　　　(b) △接法

图 1.65　丫-△降压启动电动机接线图

三、图 1.61 丫-△降压启动工作原理

合上转换开关 QS。

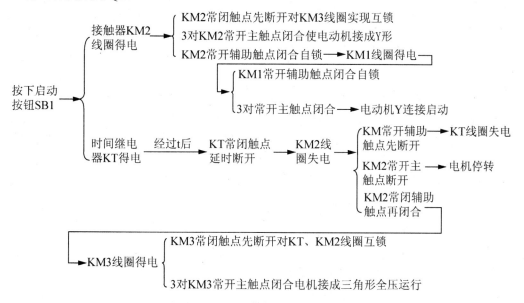

四、定时器

PLC 中的定时器(T)相当于继电器控制系统中的通电型时间继电器。它可以提供无穷对常开常闭延时触点。定时器中有一个设定值寄存器(1 个字长)、一个当前值寄存器(1 个字长)和一个用来存储其输出触点的映像寄存器(1 个二进制位),这 3 个量使用同一地址编号,但使用场合不一样,意义也不同。

FX$_{2N}$ 系列中的定时器可分为通用定时器、积算定时器两种。它们是通过对一定周期的时钟脉冲进行累计而实现定时的,时钟脉冲有周期为 1ms、10ms、100ms 的 3 种,当所计数达到设定值时触点动作。设定值可用常数 K 或数据寄存器 D 的内容来设置。

1.　通用定时器

通用定时器的特点是不具备断电的保持功能,即当输进电路断开或停电时定时器复位。通用定时器有 100ms 和 10ms 通用定时器两种。

(1) 100ms 通用定时器(T0～T199)共 200 点,其中 T192～T199 为子程序和中断服务程序专用定时器。这类定时器可对 100ms 时钟累积计数,设定值为 1～32767,所以其定时范围为 0.1～3276.7s。

(2) 10ms 通用定时器(T200～T245)共 46 点。这类定时器可对 10ms 时钟累积计数,设定值为 1～32767,所以其定时范围为 0.01～327.67s。

下面举例说明通用定时器的工作原理。如图 1.66 所示,当输进 X0 接通时,定时器 T200 从 0 开始对 10ms 时钟脉冲进行累积计数,当计数值与设定值 K123 相等时,定时器的常开

接通 Y0，经过的时间为 123×0.01s=1.23s。当 X0 断开后定时器复位，计数值变为 0，其常开触点断开，Y0 也随之关闭。若外部电源断电，定时器也将复位。

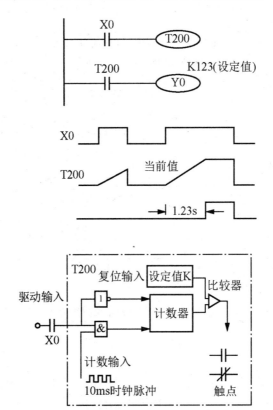

图 1.66 通用定时器的工作原理

2. 积算定时器

积算定时器具有计数累积的功能。在定时过程中假如断电或定时器线圈 OFF，积算定时器将保持当前的计数值(当前值)，通电或定时器线圈 ON 后继续累积，即其当前值具有保持功能，只有将积算定时器复位，当前值才变为 0。

(1) 1ms 积算定时器(T246～T249)共 4 点，是对 1ms 时钟脉冲进行累积计数的，定时的时间范围为 0.001～32.767s。

(2) 100ms 积算定时器(T250～T255)共 6 点，是对 100ms 时钟脉冲进行累积计数的定时的时间范围为 0.1～3276.7s。

以下举例说明积算定时器的工作原理。如图 1.67 所示，当 X0 接通时，T253 当前值计数器开始累积 100ms 的时钟脉冲的个数。当 X0 经 t0 后断开，而 T253 尚未计数到设定值 K345，将其计数的当前值保存。当 X0 再次接通，T253 从保存的当前值开始继续累积，经过 t1 时间，当前值达到 K345 时，定时器的触点动作。累积的时间为 t0+t1=0.1×345=34.5s。当复位输进 X1 接通时，定时器才复位，当前值变为 0，触点也随之复位。

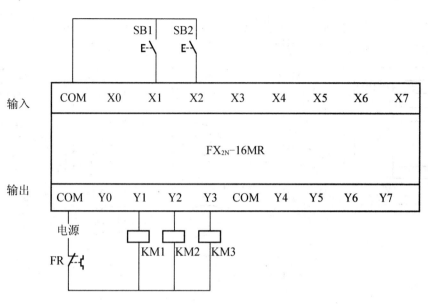

图 1.67　积算定时器的工作原理

五、相关指令

1. 多重输出指令 MPS、MRD、MPP

MPS：进栈指令。

MRD：读栈指令。

MPP：出栈指令。

在 PLC 中有 11 个存储器，用来存储运算的中间结果，称为栈存储器。使用 1 次 MPS 指令就将此时的运算结果送入栈存储器的第 1 段，再使用 MPS 指令，又将此刻的运算结果送入栈存储器的第 1 段，而将原先存入的数据依次移到栈存储器的下一段。

使用 MPP 指令，各数据按顺序向上移动，将最上段的数据读出，该数据就从栈存储器中消失。MRD 是读出最上段所存的最新数据的专用指令，栈存储器内的数据不会发生移动。

这些指令都是不带操作数的独立指令。

关于 MPS、MRD、MPP 的使用如图 1.68、图 1.69、图 1.70 所示。

▶ 任务实施

(1) PLC 输入点和输出点地址的分配见表 1.8。

表 1-8　任务 1.6 I/O 地址分配表

类　别	元 件	PLC 地址	功　能	类　别	元 件	PLC 地址	功　能
输入	SB1	X1	按钮停止	输出	KM1	Y1	星三角(主接触器)
	SB2	X2	启动按钮		KM2	Y2	星形启动接触器
					KM3	Y3	三角运行接触器

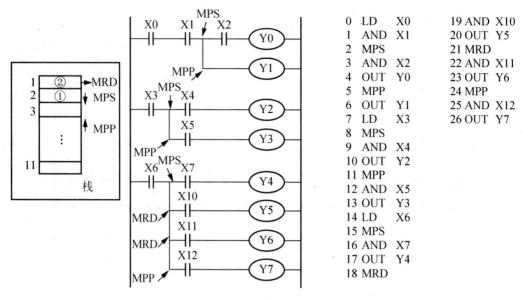

图 1.68 一段堆栈使用示例

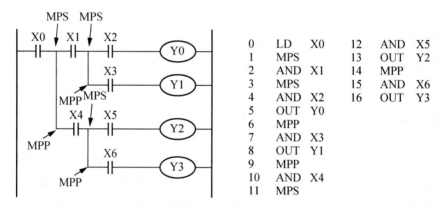

图 1.69 两段堆栈使用示例

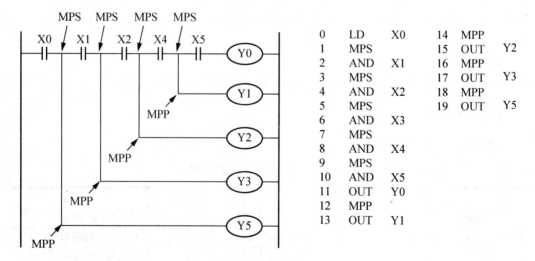

图 1.70 四段堆栈使用示例

(2) PLC 外部接线图如图 1.71 所示。

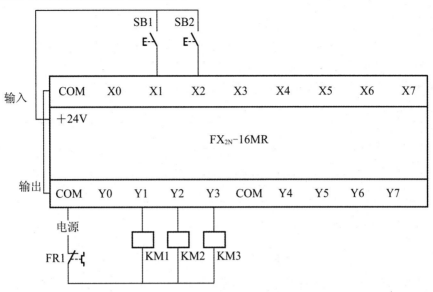

图 1.71　任务 1.6 PLC 外部接线图

(3) 程序设计梯形图如图 1.72 所示。

图 1.72　任务 1.6 梯形图

(4) 对应程序指令表如图 1.73 所示。

0	LD	X002	
1	OR	Y001	
2	ANI	X001	
3	OUT	Y001	
4	MPS		
5	ANI	T0	
6	ANI	Y003	
7	OUT	Y002	
8	MPP		
9	OUT	T0	K100
12	LD	T0	
13	ANI	Y002	
14	OUT	Y003	
15	END		

图 1.73　任务 1.6 指令表

知识扩展

基于以上电动机星三角降压控制的 PLC 程序设计，可以在不使用堆栈指令的前提下进行程序优化吗？

参考优化程序设计梯形图如图 1.74 所示。

```
     X002  X001                                                (Y001)
0    ─┤├──┤/├─────────────────────────────────────────────
     Y001          ┌─ T0    Y003                            
     ─┤├───────────┤/├──┤/├──────────────────────── (T0  K100)
                   │                                        
                   └───────────────────────────────────── (Y002)
     T0    Y002                                            
10   ─┤├──┤/├─────────────────────────────────────────────  (Y003)
13   ──────────────────────────────────────────────────── [ END ]
```

图 1.74　优化后的梯形图

优化后的程序对应的指令表如图 1.75 所示。

0	LD	X002	
1	OR	Y001	
2	ANI	X001	
3	OUT	Y001	
4	OUT	T0	K100
7	ANI	T0	
8	ANI	Y003	
9	OUT	Y002	
10	LD	T0	
11	ANI	Y002	
12	OUT	Y003	
13	END		

图 1.75　优化后程序对应的指令表

任 务 小 结

本节详细介绍了常用低压电器元件——时间继电器的工作原理、图形文字符号以及 PLC 程序设计中的定时器 T。

时间继电器是使触点延时动作的控制元件，其控制时间为 0～60s。本节主要介绍了空气阻尼式时间继电器，除此之外还有电子式、电磁式等。

本节还介绍了三相异步电动机降压启动的电气控制线路。

降压启动的目的：三相异步电动机启动电流很大，一般达到额定电流的 4~7 倍，如此大的电流容易使电动机定子绕组绝缘老化，特别是在一些需要频繁启动的场合，甚至会影响到电动机的使用寿命。

(1) 启动时供电母线上的电压降不得超过额定电压的 10%～15%。

(2) 电动机容量不超过变压器容量 20%～30%的三相异步电动机可以采用直接启动方法。一般规定额定功率在 7kW 以上的电动机必须采用降压启动方法。

降压启动的实质是：①启动时减小加在定子绕组上的电压，以减小启动电流；②启动过程结束后，再恢复到额定值，电动机进入全压运行状态。

常用的三相异步电动机降压启动的方法有：定子绕组串电阻降压启动、丫-△降压启动、自耦变压器降压启动。各降压启动电路的特点见表 1-9。

表 1-9　三相笼型异步电动机的启动方法及特点

启动方法	使用场合	特点
全压启动	电动机容量小于 7kW	不需要各种启动设备，但气动电流大
定子绕组串电阻降压启动	电动机容量不大，气动不频繁且平稳的场合	启动转矩增加较大，加速平滑，电路简单，价格低，功率因数高，电阻损耗功率大
星—三角降压启动	电动机启动为星形，电动机正常运行为三角形接法，轻负载启动	启动电流、启动转矩较小，约为额定值的 1/3
自耦变压器降压启动	电动机容量较大，要求限制对电网的冲击电流	启动转矩大，加速平稳，损耗低，设备较庞大，成本高

习　　题

1. 什么是直接启动？直接启动有何优缺点？在什么条件下可允许交流异步电动机直接启动？

2. 什么是降压启动？常用的降压启动的方法有哪些？

3. 电动机在什么情况下应采用降压启动方法？定子绕组为丫形联接的三相异步电动机能否用丫-△降压启动控制？为什么？

4. 时间继电器的延时方式有哪几种?试画出各种时间继电器的线圈及触点的图形符号，并标注其含义。

5. 空气阻尼式时间继电器主要由哪些部分组成？试述其延时原理。

6. 画出星形—三角形降压启动的控制线路，简述其工作原理。

7. 试比较电磁式时间继电器、空气阻尼式时间纸电器、电动式时间继电器与电子式时间继电器的优缺点及应用场合。

8. 简化图 1.76 所示的控制电路。

9. 电厂的闪光电源控制电路如图 1.77 所示，当发生故障时，事故继电器 KA 通电，试分析信号灯发出闪光的工作原理。

10. 设计一个延时电路(梯形图)，要求当 X0 闭合 200s 后 Y0 才通电动作，当 X1 闭合 2000s 后 Y1 才通电动作。

11. 用两个定时器和一个输出点设计一个闪烁信号源，使输出的闪烁周期为 6s，占空比为 4:6。

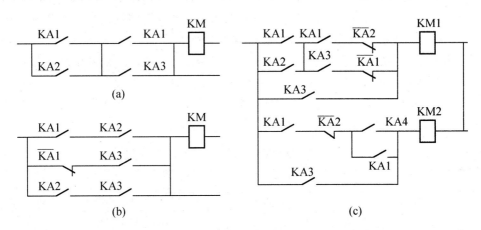

图 1.76　习题 8 控制电路

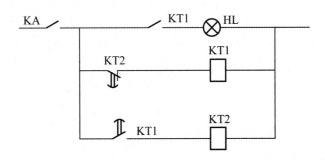

图 1.77　闪光电源控制电路

12. 要求一台电动机在按下启动按钮时运行 40s，停 5s，如此循环直到按下停止按钮，试画出电气控制线路图，设计 PLC 硬件线路图并编写梯形图控制程序，要求有手动停机和过载保护。

13. 试设计小车前进与后退 PLC 控制系统，满足下述要求。

(1) 按下启动按钮后，小车由原位(A)空车前进。

(2) 前进到 B 位停止，然后由人工装载货物，装货物延时 5s，小车自动返回，返回到 A 位后自动停止。

(3) 如果在 B 处，小车没有装货或没有装满而要返回时，可按返回按钮。

(4) 无论前进还是返回，按下停止按钮，电动机(三相异步电动机)就应停转。

(5) 画出输入/输出分配表(图)和梯形图。

14. 试设计料车前进与后退 PLC 控制系统，满足下述要求。

(1) 料车在原位 A，按下启动按钮开始加料，加料延时 6s，料车由原位(A)空车前进；

(2) 前进到 B 位停止，然后由人工卸料，卸料延时 5s，料车自动返回，返回到 A 位后自动停止。

(3) 如果在 B 处，料车没有卸货或没有卸完而要返回，可按返回按钮。

(4) 无论前进还是返回，按下停止按钮，电动机(三相异步电动机)就应停转。

(5) 画出输入/输出分配表(图)和梯形图。

任务 1.7　进库物品的统计监控系统 PLC 设计

学习目标

(1) 掌握 PLC 中计数器的应用。

(2) 理解 PLC 的工作原理。

(3) 熟练操作编程软件。

任务引入

一小型仓库，需要对每天存放进来的货物进行统计：当货物达到 150 件时，仓库监控室的绿灯亮；当货物数量达到 200 件时，仓库监控室的红灯以 1s 的频率闪烁报警。

本任务首先需要有计数检测装置，可在进库口设置传感器检测是否有物品进库。要求对货物进行计数统计，这需要用到 PLC 的编程元件——计数器，同时红灯以 1s 的频率闪烁报警要用到特殊辅助继电器 M。

相关知识

一、计数器

FX_{2N} 系列计数器分为内部计数器和高速计数器两类。

内部计数器是在执行扫描操作时对内部信号(如 X、Y、M、S、T 等)进行计数的。内部输进信号的接通和断开时间应比 PLC 的扫描周期稍长。

1. 16 位增计数器

16 位增计数器(C0～C199) 共 200 点，其中 C0～C99 为通用型，C100～C199 共 100 点为断电保持型(断电保持型即断电后能保持当前值，待通电后继续计数)。这类计数器为递加计数，应用前先为其设置一个值，当输进信号(上升沿)个数累加到设定值时，计数器动作，其常开触点闭合、常闭触点断开。计数器的设定值为 1～32767(16 位二进制)，设定值除了用常数 K 设定外，还可以间接通过指定数据寄存器设定。

下面举例说明通用型 16 位增计数器的工作原理。如图 1.78 所示，X10 为复位信号，当 X10 为 ON 时 C0 复位。X11 是计数输进，每当 X11 接通一次计数器当前值增加 1(留意 X10 断开，计数器不会复位)。当计数器计数当前值为设定值 10 时，计数器 C0 的输出触点动作，Y0 被接通。此后即使输进 X11 再接通，计数器当前值也保持不变。当复位输进 X10 接通时，执行 RST 复位指令，计数器复位，输出触点也复位，Y0 被断开。

2. 32 位增/减计数器

32 位增/减计数器(C200～C234)共有 35 点 32 位加/减计数器，其中 C200～C219(共 20 点)为通用型，C220～C234(共 15 点)为断电保持型。这类计数器与 16 位增计数器除位数不同外，还能通过控制实现加/减双向计数。设定值范围均为 -214783648～+214783647(32 位)。

C200～C234 是增计数还是减计数，分别由特殊辅助继电器 M8200～M8234 设定。对应的特殊辅助继电器被置为 ON 时为减计数，置为 OFF 时为增计数。

计数器的设定值与 16 位计数器一样,可直接用常数 K 或间接用数据寄存器 D 的内容作为设定值。在间接设定时,要用编号紧连在一起的两个数据计数器。

如图 1.79 所示,X10 用来控制 M8200,X10 闭合时为减计数方式。X12 为计数输进,C200 的设定值为 5(可正、可负)。设 C200 为增计数方式(M8200 为 OFF),当 X12 计数输进累加由 4→5 时,计数器的输出触点动作。当前值大于 5 时计数器仍为 ON 状态。只有当前值由 5→4 时,计数器才变为 OFF。只要当前值小于 4,输出就会保持 OFF 状态。复位输进 X11 接通时,计数器当前值为 0,输出触点也随之复位。

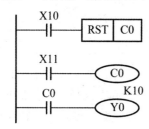

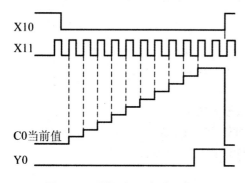

图 1.78　通用型 16 位增计数器

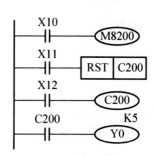

图 1.79　32 位增/减计数器

二、特殊辅助继电器

PLC 内有大量的特殊辅助继电器,它们都有各自的特殊功能。FX_{2N} 系列中有 256 个特殊辅助继电器,可分成触点型和线圈型两大类。

1. 触点型

其线圈由 PLC 自动驱动,用户只可使用其触点,举例如下。

M8000:运行监视器(在 PLC 运行中接通),M8001 与 M8000 逻辑相反。

M8002:初始脉冲(仅在运行开始时瞬间接通),M8003 与 M8002 逻辑相反。

M8011、M8012、M8013 和 M8014 分别是产生 10ms、100ms、1s 和 1min 时钟脉冲的特殊辅助继电器。

M8000、M8002、M8012 的波形图如图 1.80 所示。

2. 线圈型

由用户程序驱动线圈后 PLC 执行特定的动作。举例如下。

M8033:若使其线圈得电,则 PLC 停止时保持输出映像存储器和数据寄存器内容。

M8034:若使其线圈得电,则将 PLC 的输出全部禁止。

M8039:若使其线圈得电,则 PLC 按 D8039 中指定的扫描时间工作。

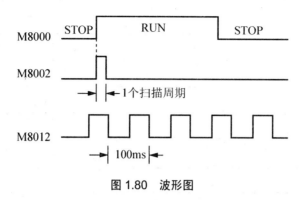

图 1.80　波形图

任务实施

(1) PLC 输入点和输出点地址的分配见表 1-10。

表 1-10　任务 1.7 I/O 地址分配表

类 别	元 件	PLC 地址	功 能	类 别	元 件	PLC 地址	功 能
输入	SB1	X0	模拟进库物品检测传感器	输出	HL1	Y1	监控室红灯
	SB2	X1	监控系统复位		HL2	Y2	监控室绿灯

(2) PLC 外部接线图如图 1.81 所示。

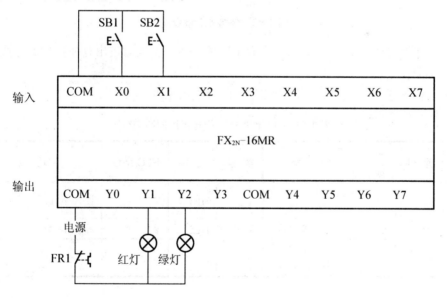

图 1.81　任务 1.7 PLC 外部接线图

(3) 程序设计梯形图如图 1.82 所示。

(4) 对应程序指令表如图 1.83 所示。

```
 0    X001
      ├┤├──────────────────────────────────────────────[ RST C0 ]
      │
      │                                                 [ RST C1 ]
 5    X000
      ├┤├──────────────────────────────────────────────( C0 K150 )
      │
      │                                                 ( C1 K200 )
12    C0
      ├┤├──────────────────────────────────────────────( Y001 )
14    C1     M8013
      ├┤├─────┤├────────────────────────────────────────( Y000 )
17    ─────────────────────────────────────────────────[ END ]
```

图 1.82　任务 1.7 梯形图

```
 0    LD      X001
 1    RST     C0
 3    RST     C1
 5    LD      X000
 6    OUT     C0        K15C
 9    OUT     C1        K20C
12    LD      C0
13    OUT     Y001
14    LD      C1
15    AND     M8013
16    OUT     Y000
17    END
```

图 1.83　任务 1.7 指令表

　　思考：若货物每天既有进库的，也有出库的，为了实现对进出仓库货物的计数统计，如何修改程序？

　　(1) 重新进行 PLC 输入点和输出点地址的分配，见表 1-11。

表 1-11　I/O 地址分配表(进出库同时进行)

类 别	元 件	PLC 地址	功 能	类 别	元 件	PLC 地址	功 能
输入	SB1	X0	模拟进库物品检测传感器	输出	HL1	Y1	监控室红灯
	SB2	X1	监控系统复位		HL2	Y2	监控室绿灯
	S2	X2	货物出库开关(出库时合上)				

　　(2) PLC 外部接线图如图 1.84 所示。

　　(3) 程序设计梯形图如图 1.85 所示。

　　(4) 对应程序指令表如图 1.86 所示。

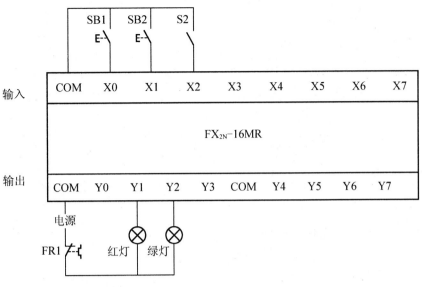

图 1.84　PLC 外部接线图(进出库同时进行)

```
      X001
  0   ├┤┤─┬─────────────────────────────────[ RST  C200 ]
           │
           └─────────────────────────────────[ RST  C201 ]
      X002
  5   ├┤┤─┬──────────────────────────────────( M8200 )
           │
           └──────────────────────────────────( M8201 )
      X001
 10   ├┤┤─┬──────────────────────────────────( C200  K150 )
           │
           └──────────────────────────────────( C201  K200 )
      C200
 21   ├┤┤──────────────────────────────────────( Y001 )
      C201   M8013
 23   ├┤┤────┤┤┤────────────────────────────────( Y000 )
 26   ─────────────────────────────────────────[ END ]
```

图 1.85　梯形图(进出库同时进行)

0	LD	X001	
1	RST	C200	
3	RST	C201	
5	LD	X002	
6	OUT	M8200	
8	OUT	M8201	
10	LD	X001	
11	OUT	C200	K150
16	OUT	C201	K200
21	LD	C200	
22	OUT	Y001	
23	LD	C201	
24	AND	M8013	
25	OUT	Y000	
26	END		

图 1.86　指令表(进出库同时进行)

知识扩展

能否用定时器来实现 1s 的时间脉冲(开关 K0 接输入 X20，灯泡 HL 接输出 Y0。要求合上 K0 后 HL 亮 0.5s 灭 0.5s)呢？时序图如图 1.87 所示。

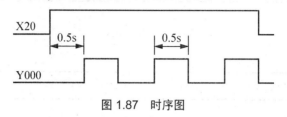

图 1.87　时序图

参考程序设计梯形图如图 1.88 所示。

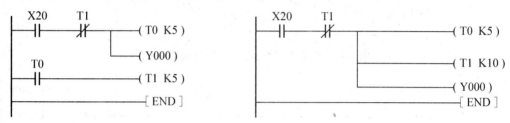

图 1.88　参考程序设计梯形图

任 务 小 结

本节主要介绍了三菱 FX$_{2N}$ 系列 PLC 的计数器 C 的应用。

内部信号计数器有 16 位增计数器(C0～C199)和 32 位增/减计数器(C200～C234)两类。

其特点有：①必须在程序中加入专门的复位指令 RST 才能使计数器复位；②每个计数器都有对应的 16 位或 32 位专用寄存器(设定值寄存器和当前值寄存器)，以存储设定值和当前值；③16 位增计数器是 16 位二进制加法器，其设定值在 K1～K32767 范围内有效；④32 位增/减计数器的设定值寄存器第 32 位为符号位，设定值的最大绝对值是 31 位二进制数所表示的十进制数，其设定值在 K-2147483648～K2147483647 范围内有效。增/减计数器的方向由特殊辅助继电器 M8200～M8234 设定。

同时本节还介绍了 M8000～M8255 共计 256 个特殊辅助继电器，这些特殊辅助继电器各自有特定的功能，大致分为两类：①只能利用触点的特殊辅助继电器；②可驱动线圈的特殊辅助继电器。

注意：未定义的特殊辅助继电器不可以在用户程序中使用。

习　题

1. 计数器 C200～C234 的计数方向如何设定？FX_{2N} 系列 PLC 的高速计数器有哪几种类型？

2. 一台电动机要求在按下启动按钮后运行 50s，停 10s，重复 3 次，电动机自动停止。试设计硬件线路图并编写梯形图控制程序，要求有手动停机按钮和过载保护。

3. 试设计一个 PLC 程序满足以下要求：①一盏灯以 2s 的频率闪烁；②重复 10 次后自动停止；③有启动按钮和停止按钮。有 I/O 分配、外部接线图、梯形图和指令表。

4. 试设计一个 PLC 程序满足以下要求：①5 盏灯以 1s 的频率循环闪烁；②重复 10 次后自动停止；③有启动按钮和停止按钮。有 I/O 分配、外部接线图、梯形图和指令表。

5. 试设计一个 PLC 程序满足以下要求：①5 盏灯以 1s 频率循环闪烁；②5 盏灯全亮后闪烁 3 次，然后反方向依次熄灭，之后重复循环；③重复 10 次后自动停止；④有启动按钮和停止按钮。有 I/O 分配、外部接线图、梯形图和指令表。

6. 设计一个小型的 PLC 控制系统，实现对某锅炉的鼓风机和引风机进行控制。要求鼓风机比引风机晚 12s 启动，引风机比鼓风机晚 15s 停机，试画出 PLC 控制的 I/O 接线图及梯形图。

任务 1.8　三相异步电动机制动 PLC 程序设计

↘ 学习目标

(1) 掌握反接制动、能耗制动电路的特点、制动方式；掌握反接制动与能耗制动的工作原理。

(2) 掌握 PLC 中的程序设计方法。

(3) 理解 PLC 的工作原理。

(4) 熟练操作编程软件。

↘ 任务引入

在电动机制动控制的基础上，结合对电气控制原理图的理解完成对应的 PLC 程序改造，在电动机有相应保护措施的情况下，能正常进行电动机的制动控制 PLC 程序设计。

三相异步电动机从切除电源到完全停止旋转，由于惯性的存在，总要经过一段时间，这往往不能适应某些机械设备的工艺要求，影响效率。如万能铣床、卧式镗床、组合机床等的主轴都要求能迅速停车和精确定位，这就要求对电动机进行制动控制，强制其立即停车。电动机制动方法有两类，即机械制动和电气制动。机械制动是用机械装置(如电磁制动器)使电动机在切断电源后迅速停转；电气制动实质上是在电动机停车时，产生一个与原来旋转方向相反的制动转矩，迫使电动机转速迅速下降。

三相笼型异步电动机的常用电气制动方法有反接制动和能耗制动。

→ **相关知识**

一、反接制动

反接制动是通过改变电动机电源的相序，使定子绕组产生相反的旋转磁场，因而产生制动转矩的一种方法。当反接制动时，制动电流通常比较大，因此要在定子回路中串入电阻以限制制动电流，串入电阻的形式有对称电阻和不对称电阻之分。对称电阻除了能限制制动电流外还能限制制动转矩，不对称电阻只能限制制动转矩，不能限制制动电流。

反接制动的关键是当转速接近 0 时，应该能将电源从电路中切除，否则电动机转速又从 0 开始反转起来，如何及时切断电源就是反接制动的关键所在。工业上常用速度继电器来实现控制。

1. 速度继电器结构及工作原理

速度继电器是能把转速的快慢转换成电路通断的信号，用来反映转速和转向变化的继电器。速度继电器的结构图如图 1.89 所示。

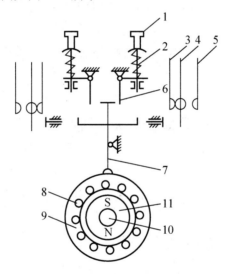

图 1.89　速度继电器的结构图

1—螺钉　2—反力弹簧　3—常闭触点　4—动触头　5—常开触点
6—返回杠杆　7—杠杆　8—定子导体　9—定子　10—转轴　11—转子

图 1.89 是速度继电器的结构原理图。速度继电器主要由转子、定子和触点三部分组成。转子是一个圆柱型永久磁铁，固定在转轴上，转子的转轴与被控电动机的轴同轴安装，随电动机轴一起旋转。定子是一个笼型空心圆环，由 0.5mm 厚硅钢片叠压成并装有笼型短路绕组，定子空套在转子上。当电动机转动时，速度继电器的转子随之转动，在空间上永久磁铁的静磁场就成了旋转磁场，定子内的短路绕组因切割磁场而感应电势并产生电流，带电导体在旋转磁场作用下产生电磁转矩，于是定子随转子旋转方向转动，但由于有返回杠杆挡位，故定子只能随转子转动一定角度，定子的转动经杠杆作用使相应的触点动作，并在杠杆推动触点动作的同时，压缩反力弹簧，其反作用力会阻止定子转动。当被控电动机转速下降时，速度继电器转子速度也随之下降，于是定子的电磁转矩减小，当电磁转矩小

于反作用弹簧的反作用力矩时，定子回转至初始位置，对应触点恢复到初始状态。同理，当电动机向相反方向转动时，定子作反方向转动，使速度继电器的反向触点动作。速度继电器在电路中实际应用时，靠其正转和反转切换触点的动作来反映电动机转向和转速的变化。

对于一般的速度继电器当电动机带动速度继电器转子旋转的速度大于 120r/min 时，触点动作(常开触点闭合、常闭触点断开)，当电机转速小于 100r/min 时，触点恢复到初始状态。

2. 速度继电器的图形文字符号

速度继电器的图形如图 1.90 所示。速度继电器的文字符号是 KS。

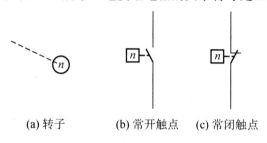

(a) 转子　　　　(b) 常开触点　(c) 常闭触点

图 1.90　速度继电器的图形文字符号

3. 反接制动电气控制线路

反接制动电气控制线路如图 1.91 所示。

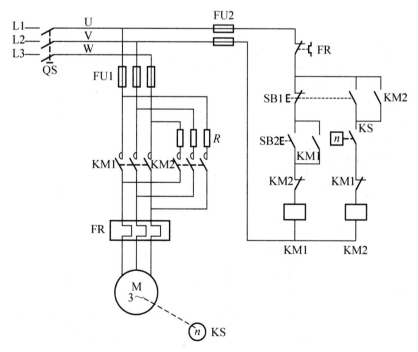

图 1.91　单向反接制动控制电路原理图

工作原理如下。

合上开关 QS。

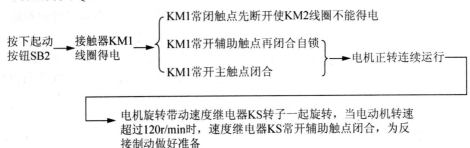

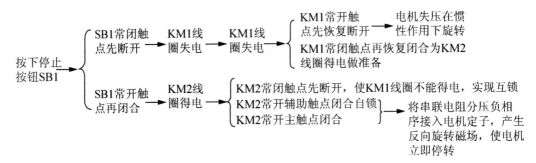

当电动机转速低于 100r/min 时，KS 速度继电器触点恢复到初始状态(常开触点恢复断开)，使 KM2 接触器线圈失电，反接制动结束。

二、能耗制动

电动机能耗制动方法就是在电动机脱离三相交流电源后，在定子绕组中加入一个直流电源，以产生一个恒定的磁场，惯性运转的转子绕组切割恒定磁力线，产生与惯性转动方向相反的电磁转矩，对转子起制动作用。当转速降至零时，再切除直流电源。切除直流电源的原则可以是时间原则或速度继电器原则，下面以时间原则为例来分析能耗制动的工作原理。

电动机能耗制动的电路原理图如图 1.92 所示。

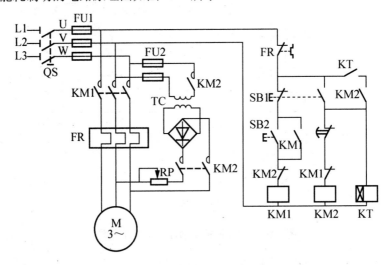

图 1.92　电动机能耗制动电气控制原理图

工作原理如下。

合上电源开关 QS。读者可自行分析三相异步电动机的运转过程，本书主要介绍其制动过程。

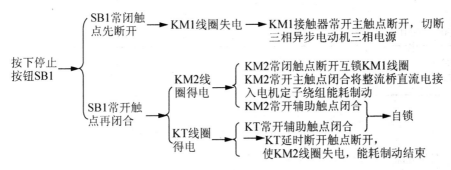

任务实施

一、反接制动电气线路 PLC 程序设计

(1) PLC 输入点和输出点地址的分配见表 1-12。

表 1-12　任务 1.8(一)I/O 地址分配表

类　别	元　件	PLC 地址	功　能	类　别	元　件	PLC 地址	功　能
输入	SB1	X0	停止按钮(反接制动启动按钮)	输出	KM1	Y1	连续运行控制用接触器
	SB2	X1	启动按钮		KM2	Y2	反接制动控制用接触器
	KS	X2	速度继电器常开触点				

(2) PLC 外部接线图如图 1.93 所示。

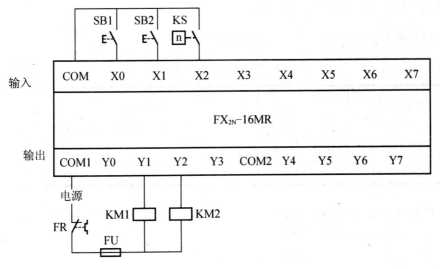

图 1.93　任务 1.8(一)PLC 外部接线图

(3) 程序设计梯形图如图 1.94 所示。

```
    X001   X000   Y002
0 ──┤├──┤/├──┤/├─────────────────────────( Y001 )
    Y001
   ──┤├
    X000   Y001   X002
5 ──┤├──┤/├──┤├─────────────────────────( Y002 )
    Y002
   ──┤├
10 ────────────────────────────────────[ END ]
```

图 1.94 任务 1.8(一)程序设计梯形图

(4) 对应的程序指令表如图 1.95 所示。

0	LD	X001
1	OR	Y001
2	ANI	X000
3	ANI	Y002
4	OUT	Y001
5	LD	X000
6	OR	Y002
7	ANI	Y001
8	AND	X002
9	OUT	Y002
10	END	

图 1.95 任务 1.8(一)对应的程序指令表

二、能耗制动电气控制线路 PLC 程序设计

(1) PLC 输入点和输出点地址的分配见表 1-13。

表 1-13 任务 1.8(二)I/O 地址分配表

类　别	元　件	PLC 地址	功　能	类　别	元　件	PLC 地址	功　能
输入	SB1	X0	停止按钮(反接制动启动按钮)	输出	KM1	Y1	连续运行控制用接触器
	SB2	X1	启动按钮		KM2	Y2	能耗制动控制用接触器

(2) PLC 外部接线图如图 1.96 所示。

(3) 程序设计梯形图如图 1.97 所示。

(4) 对应的程序指令表如图 1.98 所示。

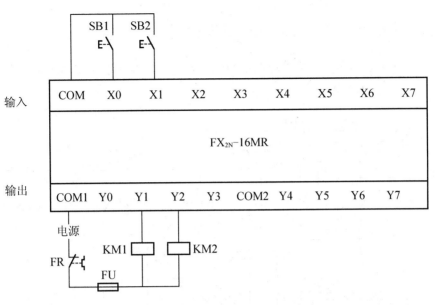

图 1.96　任务 1.8(二)PLC 外部接线图

```
        X001    Y002   X000
0       ┤├──────┤/├────┤/├─────────────────────────────( Y001 )
        Y001
        ┤├
        T0      Y002
5       ┤├──────┤/├──────────────────────────────────( T0  K10 )
        X000          T0     Y001
        ┤├────────────┤/├────┤/├────────────────────────( Y002 )
14      ──────────────────────────────────────────────[ END ]
```

图 1.97　任务 1.8(二)程序设计梯形图

0	LD	X001	
1	OR	Y001	
2	ANI	Y002	
3	ANI	X000	
4	OUT	Y001	
5	LD	T0	
6	AND	Y002	
7	OR	X000	
8	OUT	T0	K10
11	ANI	T0	
12	ANI	Y001	
13	OUT	Y002	
14	END		

图 1.98　任务 1.8(二)对应的程序指令表

 知识扩展

通过上述学习，读者可以试着对图 1.99 所示的具有反接制动电阻的正反向反接制动控制电路用 PLC 程序进行改造。

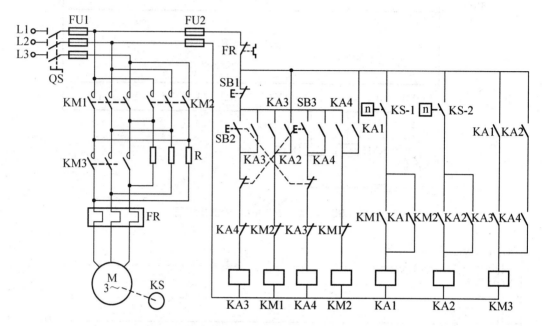

图 1.99　具有反接制动电阻的正反向反接制动控制回路

任务 1.9　CA6140 型普通车床控制线路 PLC 程序设计

▶ 学习目标

(1) 掌握电气控制系统的分析方法和步骤，具有熟练的读图能力，掌握 CA6140 型普通车床的电气控制原理图。

(2) 掌握 PLC 中的程序设计方法。

(3) 理解 PLC 的工作原理。

(4) 熟练操作编程软件。

▶ 任务引入

通过分析典型机械设备的电气控制系统，进一步学习和掌握电气控制电路的组成，各种基本控制电路在具体的电气控制系统中的应用，以及分析电气控制电路的方法，提高阅读电路图的能力，为进行电气控制系统的设计打下基础；通过了解一些典型机械设备电气控制系统，从而为实际工作中机械设备电气控制电路的分析、调试及维修提供参考，并对典型的机械设备进行 PLC 程序改造。

卧式车床在机械加工中被广泛用来加工各种回转表面、螺纹和端面。CA6140 型普通机床

由一台主轴电动机、一台冷却泵电动机和一台快速移动电动机构成。电气原理图如图 1.100 所示。

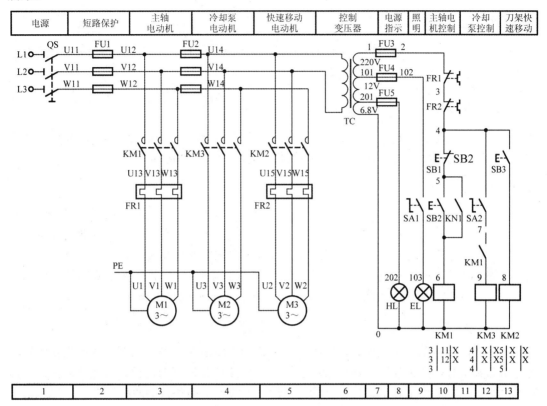

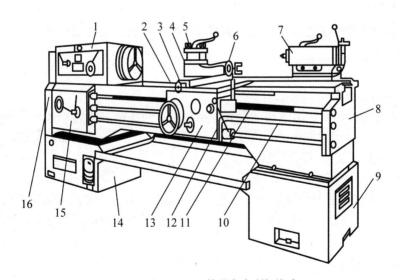

图 1.100　CA6140 普通车床电气线路

1—主轴箱　2—纵溜板　3—横溜板　4—转盘　5—方刀架　6—小溜板　7—尾架　8—床身　9—右床座
10—光杠　11—丝杠　12—操纵手柄　13—溜板箱　14—左床座　15—进给箱　16—挂轮箱

相关知识

一、机床的结构

CA6140 型普通车间床结构如图 1.100 所示，主要由床身、主轴箱、进给箱、溜板箱、刀架、丝杠、光杠、尾架等部分组成。

二、车床的运动形式

车床的运动形式有切削运动和辅助运动，切削运动包括工件的旋转运动(主运动)和刀具的直线进给运动(进给运动)，除此之外的其他运动皆为辅助运动。

1. 主运动

主运动是指主轴通过卡盘带动工件旋转，主轴的旋轴是由主轴电机经传动机构拖动的，工件材料性质、车刀材料及几何形状、工件直径、加工方式及冷却条件不同时，要求主轴有不同的切削速度，另外，为了加工螺丝，还要求主轴能够正反转。

主轴的变速是由主轴电动机经 V 带传递到主轴变速箱实现的，CA6140 普通车床的主轴正转速度有 24 种(10～1400r/min)，反转速度有 12 种(14～1580r/min)。

2. 进给运动

车床的进给运动是指刀架带动刀具纵向或横向直线运动，溜板箱把丝杠或光杠的转动传递给刀架部分，变换溜板箱外的手柄位置，经刀架部分使车刀进行纵向或横向进给。刀架的进给运动也是由主轴电动机拖动的，其运动方式有手动和自动两种。

3. 辅助运动

辅助运动指刀架的快速移动、尾座的移动以及工件的夹紧与放松等。

三、电力拖动的特点及控制要求

电力拖动的特点及控制要求如下。

(1) 主轴电动机一般选用三相笼型异步电动机。为了满足螺钉的加工要求，主运动和进给运动采用同一台电动机拖动，为了满足调速要求，只用机械调速，不进行电气调速。

(2) 主轴能够正反转，以满足螺钉加工要求。

(3) 主轴电动机的启动、停止采用按钮操作。

(4) 溜板箱的快速移动应由单独的快速移动电动机进行拖动完成并采用点动控制方式。

(5) 为防止切削过程中刀具和工件温度过高，需要用切削液进行冷却，因此要配有冷却泵。

(6) 电路必须有过载、短路、欠压、失压保护。

四、CA6140 普通车床的电气控制分析

1. 主轴电动机控制

主电路中的 M1 为主轴电动机，按下启动按钮 SB2，KM1 线圈得电，KM1 自锁触头闭

合，KM1 主触头闭合，主轴电动机 M1 启动，同时辅助触点 KM1 闭合，为冷却泵启动做好准备。

2. 冷却泵控制

主电路中的 M2 为冷却泵电动机。

在主轴电动机启动后，辅助触点 KM1 闭合，将开关 SA2 闭合，KM2 线圈得电，冷却泵电动机启动，将 SA2 断开，冷却泵停止，将主轴电动机停止，冷却泵也自动停止。

3. 刀架快速移动控制

刀架快速移动电动机 M3 采用点动控制，按下 SB3，KM3 线圈得电，主触头闭合，快速移动电动机 M3 启动，松开 SB3，KM3 线圈失电，电动机 M3 停止。

4. 照明和信号灯电路

接通电源，控制变压器输出电压，HL 直接得电发光，作为电源信号灯。
EL 为照明灯，将开关 SA1 闭合，EL 亮，将 SA1 断开，EL 灭。

五、电气原理图识图知识

将电路图分成若干图区，上方为功能区，用文字表示，表示电路的用途和作用，下方为图号区，在接触器、继电器线圈下方有触点表，用来说明线圈和触点的从属关系，如图 1.101 所示。

接触、继电器若对主触点所在区域	接触、继电器若干对常开辅助触点所在区域，若没有使用该触点用X表示	接触、继电器若干对常闭辅助触点所在区域，若没有使用该触点用X表示

图 1.101　接触、继电器触点位置

六、分析电气原理图的步骤与方法

分析电气原理图的步骤和方法如下。

(1) 分析主电路。根据被控对象(通常是三相异步电动机)了解主电路的控制类型，如正反转、调速、制动、降压启动等。

(2) 分析控制电路。通过线路分析出各环节电气元件的连接关系，总结出电气控制原理图的控制方式。

(3) 分析互锁和保护装置。互锁和保护装置是电气控制系统原理图中不可或缺的一部分，是为生产设备操作时的安全、可靠性设计的。

(4) 总体检查。从整体角度去检查和理解各控制环节之间的关系。

➡️ **任务实施**

(1) PLC 输入点和输出点地址的分配见表 1-14。

表 1-14　任务 1.9 I/O 地址分配表

类 别	元 件	PLC 地址	功　能	类 别	元 件	PLC 地址	功　能
输入	SB1	X1	主轴电动机 M1 停止按钮	输出	KM1	Y1	主轴电动机 M1 控制
	SB2	X2	主轴电动机 M1 启动按钮		KM2	Y2	快速移动电动机控制
	SA2	X3	冷却泵电动机旋转开关		KM3	Y3	冷却泵控制
	SB3	X4	刀架快速移动按钮				

(2) PLC 外部接线图如图 1.102 所示。

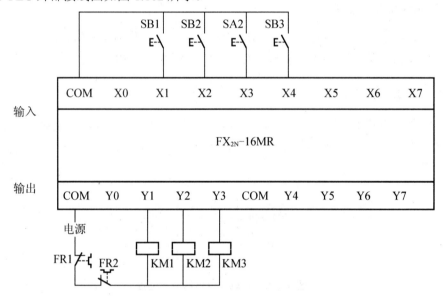

图 1.102　任务 1.9 PLC 外部接线图

(3) 程序设计梯形图如图 1.103 所示。

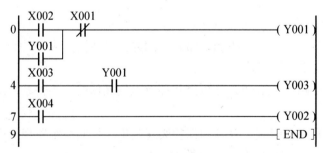

图 1.103　任务 1.9 程序设计梯形图

(4) 对应的指令表如图 1.104 所示。

0	LD	X002
1	OR	Y001
2	ANI	X001
3	OUT	Y001
4	LD	X003
5	AND	Y001
6	OUT	Y003
7	LD	X004
8	OUT	Y002
9	END	

图 1.104　任务 1.9 对应的指令表

任 务 小 结

三相相异步电动机从切除电源到完全停止旋转，由于惯性的存在，总要经过一段时间，这往往不能适应某些机械设备工艺的要求，这就要求对电动机进行制动控制，强制其立即停车。电动机制动方法有两类，即机械制动和电气制动。机械制动是用机械装置(如电磁制动器)使电动机在切断电源后迅速停转的；电气制动实质上是在电动机停车时，产生一个与原来旋转方向相反的制动转矩，迫使电动机转速迅速下降。

三相异步电动机的电气制动控制及特点见表 1-15。

表 1-15　三相笼型异步电动机的制动方法及特点

制动方法	使用场合	特　点
能耗制动	要求平稳制动	制动能耗小，制动准确度不高，需要直流电源，设备费用高
反接制动	制动要求迅速，系统惯性大，制动不频繁	设备简单，调整方便，制动迅速，价格低，但制动冲击大，准确性差，能耗大，不宜频繁制动，需加装速度继电器

本节还介绍了速度继电器的工作原理及图形文字符号。速度继电器主要由转子、定子和触头组成。一般速度继电器的动作转速为 120r/min，复位转速为 100r/min。

常见的速度继电器故障是电动机停车时不能制动停转，其原因可能是触头接触不良或摆锤断裂，所以无论转子怎么转动触头都不动作，此时应更换摆锤或更换触头。

习　题

1. 写出下列电器的作用、图形文字符号。

①熔断器；②组合开关；③按钮开关；④自动空气开关；⑤交流接触器；⑥热继电器；⑦时间继电器；⑧速度继电器

2. 根据下列要求画出三相笼型异步电动机的控制电路：①能正反转；②采用能耗制动；③有短路、过载、欠压、失压保护。

3. 简述速度继电器的动作原理。

任务 1.10　T68 型镗床电气控制线路 PLC 程序设计

↘ 学习目标

(1) 掌握电气控制系统的分析方法和步骤，具有熟练的读图能力，掌握 T68 型镗床的电气控制原理图、机械结构。

(2) 掌握 PLC 的中程序设计方法。

(3) 理解 PLC 的工作原理。

(4) 能够熟练操作编程软件。

↘ 任务引入

镗床是冷加工使用比较普遍的设备，除镗孔外，在万能镗床上还可以进行钻孔、铰孔、扩孔，用镗轴或平旋盘铣削，加上车螺纹附件后，还可以车削螺纹，装上平旋盘刀架可加工大的孔径、端面和外圆。镗床工艺范围广、调速范围大、运动多。

欧式镗床 T68 型控制电动机由一台双速电动机(7/2.5kW、2900r/min、1440r/min)和一台快速移动电动机(3kW、1430r/min)构成。其中双速电动机作为主轴进行转动，能实现正反转控制，且带有制动装置；快速移动电动机要求可以实现正反转。

T68 镗床电气控制原理图如图 1.105 所示。

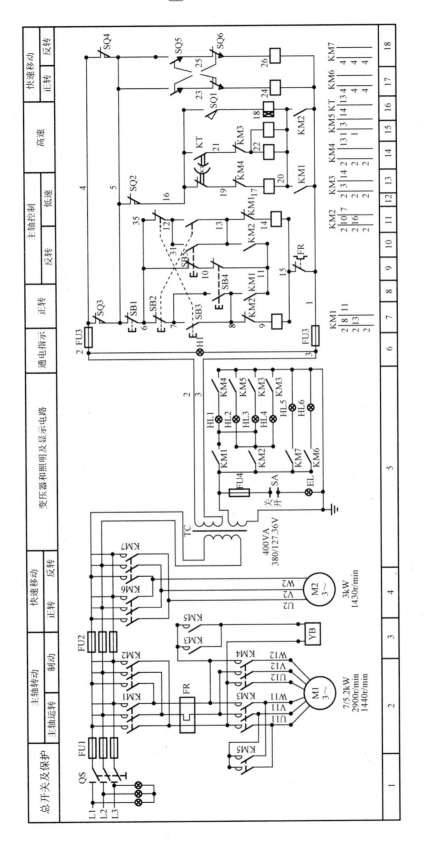

图 1.105　T68 镗床电气控制原理图

> ↘ **相关知识**

一、主要机构及运动方式

T68 镗床的结构如图 1.106 所示，主要由工作台、床身、立柱和尾架、主轴箱等几部分组成。床身是整体铸件，起支撑作用，前立柱固定在床身上，在导轨的作用下可以上下移动，镗头里有主轴、变速箱、进给箱和操作机构，切削刀具装在主轴前的花盘上。后立柱的在床身的另一端，尾架与镗头架可同时支持镗杆的末端，且可以同时升降，前后立柱间可以调整其间的距离。

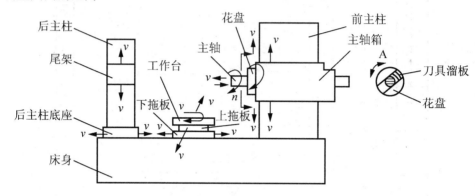

图 1.106　T68 镗床结构图

T68 镗床主要运动有以下几种。

(1) 主运动：镗轴和花盘的旋转运动。

(2) 进给运动：镗轴的轴向运动、花盘刀具溜板的径向运动、工作台的纵向运动和镗头架的垂直运动。

(3) 辅助运动：工作台的旋转运动、后立柱的水平移动和尾架的垂直移动。

主运动和各种快速进给由主轴电动机 M1 驱动，但各部分快速进给运动是由快速进给电动机 M2 驱动的。

二、T68 镗床电气控制线路分析

1. 主轴电动机 M1 的控制

1) 主轴电动机的正反转控制

按下正转按钮 SB3，接触器 KM1 线圈吸合，主触点闭合(此时开关 SQ2 已闭合)，KM1 的常开触点(8 区和 13 区)闭合，接触器 KM3 线圈获电吸合，接触器主触点闭合，制动电磁铁 YB 得电松开(指示灯亮)，电动机 M1 接成三角形正向启动。

反转时只需按下反转启动按钮 SB2，动作原理同上，所不同的是接触器 KM2 获电吸合。

2) 主轴电机 M1 的点动控制

按下正向点动按钮 SB4，接触器 KM1 线圈获电吸合，KM1 常开触点(8 区和 13 区)闭合，接触器 KM3 线圈获电吸合。不同于正转的是按钮 SB4 的常闭触点切断，接触器 KM1 的自锁只能点动，这样 KM1 和 KM3 的主触点闭合便使电动机 M1 接成三角形点动。

同理，按下反向点动按钮 SB5，接触器 KM2 和 KM3 线圈获电吸合，M1 反向点动。

3) 主轴电动机 M1 的停车制动

当电动机正处于正转运转时，按下停止按钮 SB1，接触器 KM1 线圈断电释放，KM1 的常开触点(8 区和 13 区)闭合因断电而断开，KM3 也断电释放。制动电磁铁 YB 因失电而制动，电动机 M1 制动停车。

同理，反转制动只需按下制动按钮 SB1，动作原理同上，所不同的是接触器 KM2 反转制动停车。

4) 主轴电动机 M1 的高、低速控制

若选择电动机 M1 在低速运行可通过变速手柄使变速开关 SQ1(16 区)处于断开低速位置，相应的时间继电器 KT 线圈也断电，电动机 M1 只能由接触器 KM3 接成三角形连接低速运动。

如果需要电动机高速运行，应首先通过变速手柄使变速开关 SQ1 压合接通处于高速位置，然后按正转启动按钮 SB3(或反转启动按钮 SB2)，时间继电器 KT 线圈获电吸合。由于 KT 两副触点延时动作，故 KM3 线圈先获电吸合，电动机 M1 接成三角形低速启动，之后 KT 的常闭触点(13 区)延时断开，KM3 断电释放，KT 的常开触点(14 区)延时闭合，KM4、KM5 线圈获电吸合，电动机 M1 接成 YY 连接，以高速运行。

2. 快速移动电动机 M2 的控制

M2 能控制主轴的轴向进给、主轴箱的垂直进给、工作台的纵向和横向进给等快速移动。通过操纵装在床身上的转换开关跟开关 SQ5、SQ6 来共同完成工作台的横向和前后、主轴箱的升降控制。在工作台上 6 个方向各设置有一个行程开关，当工作台纵向、横向和升降运动到极限位置时，挡铁撞到位置开关，工作台停止运动，从而实现终端保护。

1) 主轴箱升降运动

首先将床身上的转换开关扳到"升降"位置，扳动开关 SQ5(SQ6)，SQ5(SQ6)常开触点闭合，SQ5(SQ6)常闭触点断开，接触器 KM7(KM6)通电吸合，电动机 M2 反(正)转，主轴箱向下(上)运动，到了想要的位置时扳回开关 SQ5(SQ6)，主轴箱停止运动。

2) 工作台横向运动

首先将床身上的转换开关扳到"横向"位置，扳动开关 SQ5(SQ6)，SQ5(SQ6)常开触点闭合，SQ5(SQ6)常闭触点断开，接触器 KM7(KM6)通电吸合电动机 M2 反(正)转，工作台横向运动，到了想要的位置时扳回开关 SQ5(SQ6)，工作台横向停止运动。

3) 工作台纵向运动

首先将床身上的转换开关扳到"纵向"位置，扳动开关 SQ5(SQ6)，SQ5(SQ6)常开触点闭合，SQ5(SQ6)常闭触点断开，接触器 KM7(KM6)通电吸合，电动机 M2 反(正)转，工作台纵向运动，到了想要的位置时扳回开关 SQ5(SQ6)，工作台纵向停止运动。

3. 联锁保护

为了防止工作台或主轴箱自动快速进给时又将主轴进给手柄扳到自动快速进给的误操作，就采用与工作台和主轴箱进给手柄有机械连接的行程开关 SQ3 。当上述手柄扳在工作台(或主轴箱)自动快速进给的位置时，SQ3 被压断开。同样，在主轴箱上还装有另一个行程开关 SQ4，它与主轴进给手柄有机械连接，当这个手柄动作时，SQ4 也受压断开。电动机 M1 和 M2 必须在行程开关 SQ3 和 SQ4 中有一个处于闭合状态时，才可以启动。如果在工作台(或主轴箱)自动进给(此时 SQ3 断开)时再将主轴进给手柄扳到自动进给位置(SQ4 也断开),那么电动机 M1 和 M2 便都自动停车,从而达到联锁保护的目的。

三、T68 镗床电气控制线路所需器材

T68 镗床电气控制线路所需器材见表 1-16。

表 1-16　技能训练所需器材

名　　　称	型号规格	数　　量
三相漏电开关	DZ47-60 10A	1 个
熔断器	RL1-15	3 个
3P 熔断器	RT18-32	2 个
主令开关	LS1-1	7 个
时间继电器	JS7-2A	1 个
中间继电器	JZ7-44	2 个
桥堆		1 个
交流接触器	CJ20-10	6 个
热继电器	JR36-20	3 个
三相交流异步电动机		1 台
双速电机		1 台
端子板、线槽、导线		各适量

任务实施

(1) PLC 输入点和输出点地址的分配见表 1-17。

表 1-17　任务 1.10 I/O 地址分配表

类别	元件	PLC 地址	功　　能	类别	元件	PLC 地址	功　　能
输入	SB1	X1	主轴停止按钮	输出	KM1	Y1	主电动机 M1 正转控制
	SB2	X2	主电动机反向启动按钮		KM2	Y2	主电动机 M1 反转控制
	SB3	X3	主电动机正向启动按钮		KM3	Y3	主电动机 M1 低速控制
	SB4	X4	主电动机正向点动按钮		KM4	Y4	主电动机 M1 高速控制
	SB5	X5	主电动机反向点动按钮		KM5	Y5	
	SQ1	X6	高低速转换		KM6	Y6	刀架快速正向移动控制
	SQ2	X7	高低速控制开关		KM7	Y7	刀架快速反向移动控制
	SQ3	X10	防止误操作				
	SQ4						
	SQ5	X11	刀架快速正向移动				
	SQ6	X12	刀架快速反向移动				

(2) 外部接线图如图 1.107 所示。

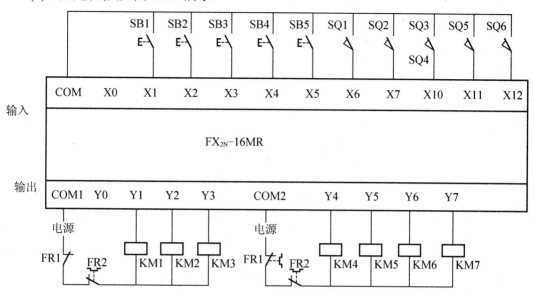

图 1.107　任务 1.10 外部接线图

(3) 程序设计梯形图如下。

① M1 电动机正转连续与点动控制如图 1.108 所示。

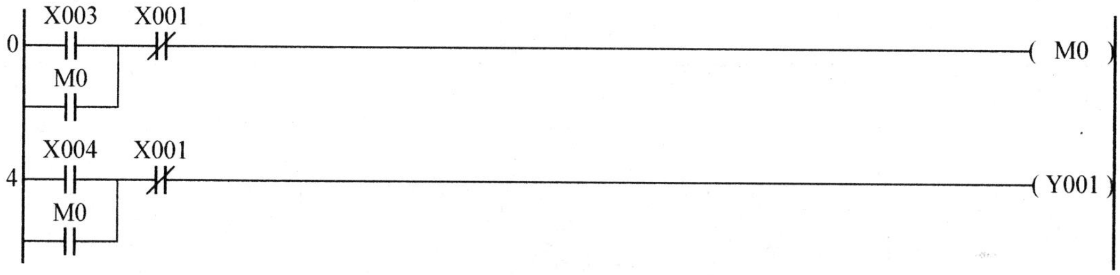

图 1.108　M1 电动机正转连续与点动控制

② M1 电动机反转连续与点动控制如图 1.109 所示。

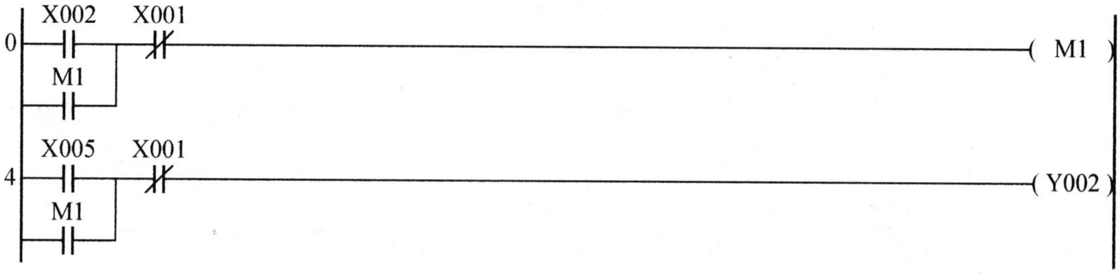

图 1.109　M1 电动机反转连续与点动控制

③ M1 电动机正、反转控制如图 1.110 所示。

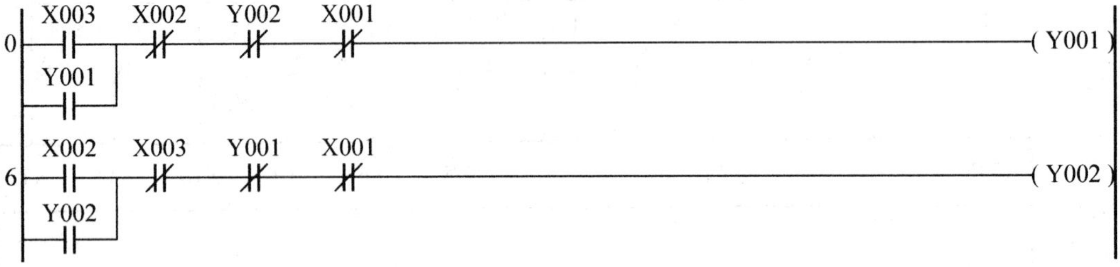

图 1.110　M1 电动机正、反转控制

④ M1 电动机双重联锁正反转与点动控制如图 1.111 所示。

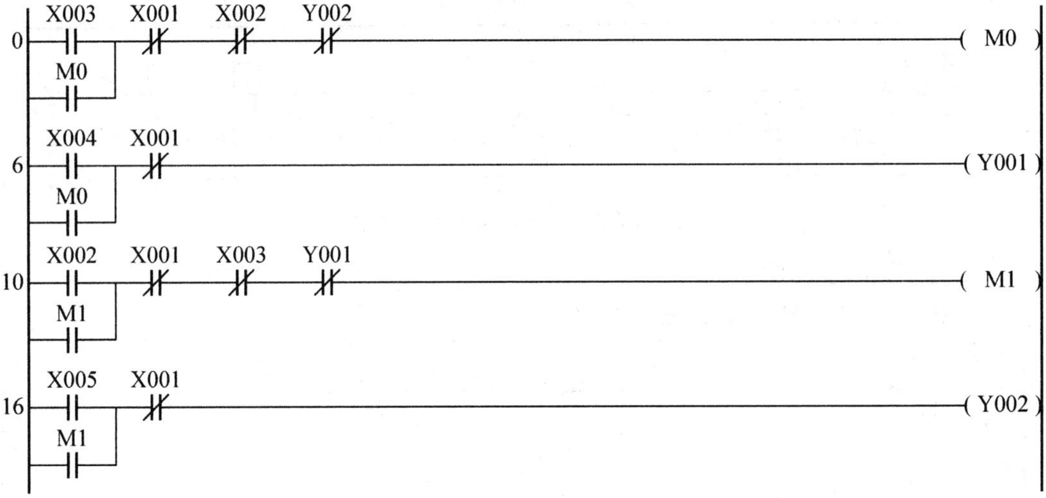

图 1.111　M1 电动机双重联锁正反转与点动控制

⑤ 主轴电动机正反转整理如图 1.112 所示。

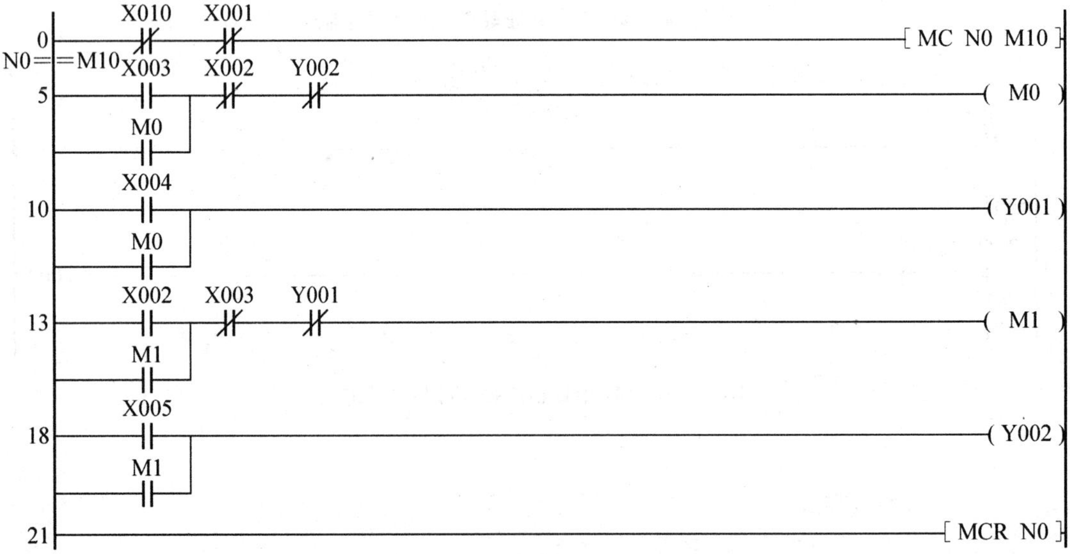

图 1.112　主轴电动机正反转整理后

⑥ 高低速控制如图 1.113 所示。

图 1.113　高低速控制

⑦ 刀架快速移动控制如图 1.114 所示。

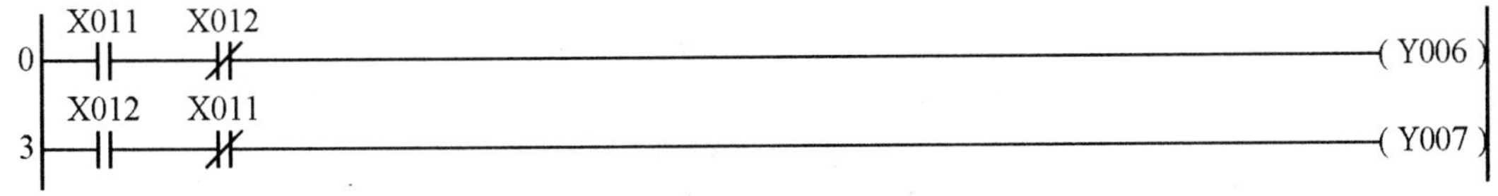

图 1.114　刀架快速移动控制

⑧ T68 镗床 PLC 完整的控制程序如图 1.115 所示。

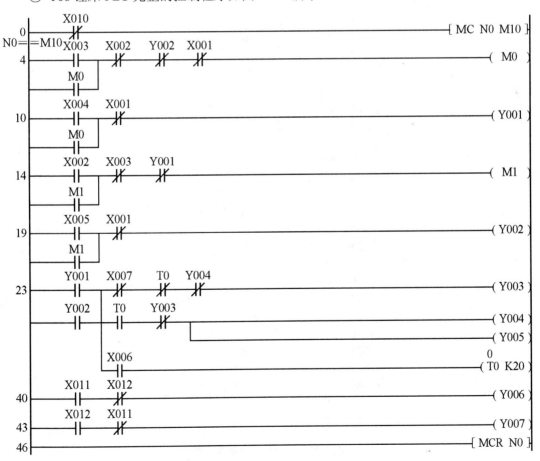

图 1.115　PLC 完整程序

(4) 对应的 T68 镗床 PLC 完整的梯形图指令表如图 1.116 所示。

0	LDI	X010	
1	MC	N0	
4	LD	X003	
5	OR	M0	
6	ANI	X002	
7	ANI	Y002	
8	ANI	X001	
9	OUT	M0	
10	LD	X004	
11	OR	M0	
12	ANI	X001	
13	OUT	Y001	
14	LD	X002	
15	OR	M1	
16	ANI	X003	
17	ANI	Y001	
18	OUT	M1	
19	LD	X005	
20	OR	M1	
21	ANI	X001	
22	OUT	Y002	
23	LD	Y001	
24	OR	Y002	
25	MPS		
26	ANI	X007	
27	ANI	T0	
28	ANI	Y004	
29	OUT	Y003	
30	MRD		
31	AND	T0	
32	ANI	Y003	
33	OUT	Y004	
34	OUT	Y005	
35	MPP		
36	AND	X006	
37	OUT	T0	K20
40	LD	X011	
41	ANI	X012	
42	OUT	Y006	
43	LD	X012	
44	ANI	X011	
45	OUT	Y007	
46	MCR	N0	

图 1.116　任务 1.10 的指令表

任 务 小 结

　　本节是在掌握常用控制电器及电气控制基本环节的基础上，通过典型机床电路分析，归纳总结出一般生产机械电气原理的分析方法，并在掌握继电器—接触器控制环节的基础上，培养分析典型机床电气控制线路的方法和排查故障的能力。

　　T68 镗床是冷加工中使用比较普遍的设备，有两台电动机，一台是主轴电动机，是双速电动机，可实现两种速度的切换；另一台是快速移动电动机。

习　　题

1. 分析 T68 型镗床的电气原理图，写出其工作过程。
2. 试述 T68 型镗床主轴电动机高速启动时的操作过程及电路工作情况。
3. 分析 T68 型镗床主轴变速和进给变速控制过程。
4. 为防止 T68 型镗床两个方向同时进给而出现事故，应采用什么措施？
5. T68 型镗床电路中的行程开关 SQ1～SQ6 各有什么作用？
6. 在 T68 型镗床电路中时间继电器 KT 有什么作用，其延时长短有何影响？
7. 试述 T68 型镗床快速进给的控制过程。
8. T68 型镗床电气控制有哪些特点？

任务 1.11　C650 型普通车床的 PLC 程序设计

▶ 学习目标

　　(1) 根据 C650 型普通车床的电气控制系统图，进行 PLC 程序改造，使普通的机电设备数控化。

　　(2) 能识读 C650 型普通车床电气系统图，熟练掌握各图形符号的规范画法，熟练分析电路的工作原理。

　　(3) 掌握 PLC 指令的基本应用。

　　(4) 理解 PLC 的工作原理。

　　(5) 熟练操作编程软件。

▶ 任务引入

　　车床共用 3 台电动机：M1 为主轴电动机，用来拖动主轴旋转，并通过进给机构实现进给运动；M2 为冷却泵电动机，用来提供切削液；M3 为快速移动电动机，用来拖动刀架的快速移动。C650 型普通车床电气控制原理图如图 1.117 所示。

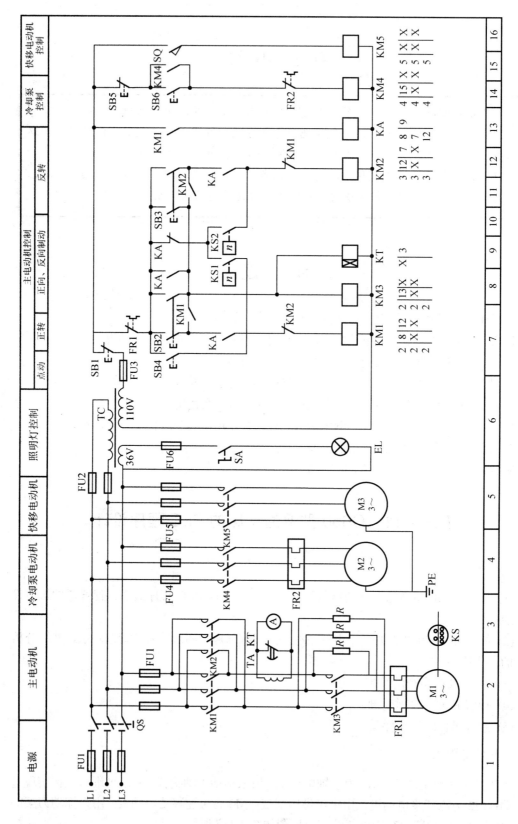

图 1.117 C650 普通车床电气控制原理图

任务实施

(1) PLC 输入点和输出点地址的分配见表 1-18。

表 1-18　PLC 输入点和输出点地址的分配

类别	元件	PLC 地址	功　能	类别	元件	PLC 地址	功　能
输入	SA		照明开关	输出	EL		照明控制
	SB1	X1	总停按钮		KM1	Y1	主电动机 M1 正转控制
	SB2	X2	主电动机正向启动按钮		KM2	Y2	主电动机 M1 反转控制
	SB3	X3	主电动机反向启动按钮		KM3	Y3	短接限流电阻 R 控制
	SB4	X4	主电动机正向点动按钮		KM4	Y4	冷却泵控制
	SB5	X5	冷却泵电动机停止按钮		KM5	Y5	快速移动电动机控制
	SB6	X6	冷却泵电动机启动按钮		KA	Y6	电流表 A 短接控制
	SQ	X7	快速移动电动机限位开关				
	FR1	X10	M1 过载保护热继电器触点				
	FR2	X11	M2 过载保护热继电器触点				
	KS1	X12	反向制动速度继电器常开触点				
	KS2	X13	正向制动速度继电器常开触点				

(2) PLC 外部接线图如图 1.118 所示。

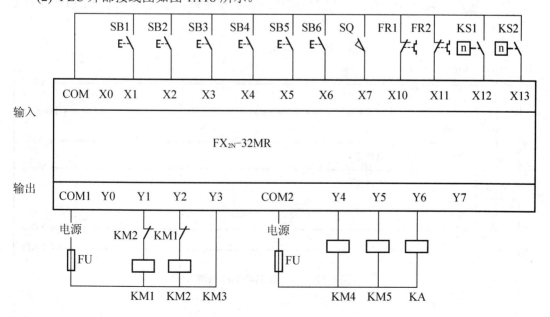

图 1.118　任务 1.11 PLC 外部接线图

(3) C650 车床电气原理分析及 PLC 程序设计介绍如下。

① 照明控制由 SA 转换开关控制，不需要 PLC。

② 如图 1.116 所示，当按下 SB4 正向点动启动按钮时，接触器 KM1 线圈通电，KM1 主触点闭合，电网电压必须经限流电阻 R 通入主电动机 M1，从而减小启动电流。由于中间继电器 KA 未得电，故虽然 KM1 的辅助常开触点(区域 7)已闭合，但不能自锁，因此，当松开 SB4 时，KM1 线圈随即断电，主电动机停转。其点动控制的 PLC 程序如图 1.119 所示。

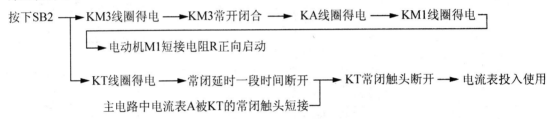

图 1.119 点动控制梯形图

③ M1 正转控制梯形图如图 1.120 所示。如图 1.116 所示，M1 电动机正转控制的工作原理如下。

按下SB2 → KM3线圈得电 → KM3常开闭合 → KA线圈得电 → KM1线圈得电 →

→ 电动机M1短接电阻R正向启动

→ KT线圈得电 → 常闭延时一段时间断开 → KT常闭触头断开 → 电流表投入使用

主电路中电流表A被KT的常闭触头短接 →

电流表 A(3 区域)虽然接在 TA(2 区域)的回路里，但额定功率为 30kW 的主电动机 M1 启动时对它的冲击电流很大。因此，在线路中设置了时间继电器 KT(9 区域)进行保护。当主电动机正向或反向启动后，KT 通电，延时时间尚未到时，电流表被 KT 延时断开触点(3 区域)短路，延时时间到后，正好电动机启动过程结束，电流恢复到额定值，才有电流指示。

停车时，按下 SB1 停止按钮，电动机立即停止。

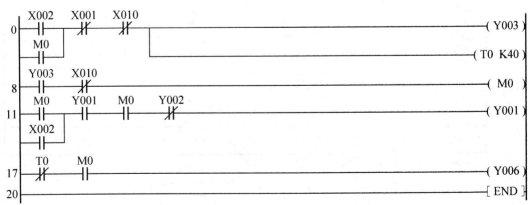

图 1.120 M1 正转控制梯形图

④ M1 反转控制梯形图如图 1.121 所示。如图 1.116 所示，M1 电动机反转控制的工作原理如下。

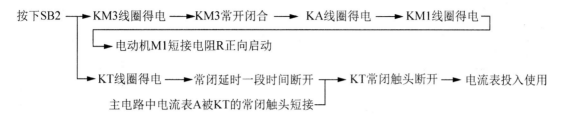

停车时，按下 SB1 停止按钮，电动机立即停止。

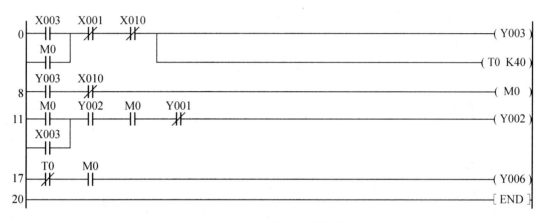

图 1.121　M1 反转控制梯形图

⑤ M1 正向反接制动梯形图如图 1.122 所示。如图 1.116 所示，当电机正向旋转转速超过 120r/min 时，速度继电器常开触点 KS2 闭合，为电机反接制动做准备，当按下停止按钮 SB1 时，KA、KM3、KT、KM1 线圈均失电，它们的所有触点均释放而复位。松开 SB1，电流通过 KA 常闭触点→速度继电器 KS2 常开触点→KM1 常闭触点→到达 KM2 线圈，使 KM2 线圈立即得电，因为 KM3 接触器没有得电，所以主轴电动机 M1 此时串入电阻 R(限制反接制动时的启动电流)反接制动，正向转速很快降下来，当主轴电动机 M1 正向转速低于 100r/min 时，速度继电器 KS2 断开，从而切断上述电路中的电流，使 KM2 线圈失电，反接制动过程结束。

⑥ M1 反向反接制动梯形图如图 1.123 所示。如图 1.116 所示，当电机反向旋转转速超过 120r/min 时，速度继电器常开触点 KS1 闭合，为电动机反接制动做准备，当按下停止按钮 SB1 时，KA、KM3、KT、KM1 线圈均失电，它们的所有触点均被释放而复位。松开 SB1，电流通过 KA 常闭触点→速度继电器 KS1 常开触点→KM2 常闭触点→到达 KM1 线圈，使 KM1 线圈立即得电，因为 KM3 接触器没有得电，所以主轴电动机 M1 此时串入电阻 R(限制反接制动时的启动电流)反接制动，反向转速很快降下来，当主轴电机 M1 反向转速低于 100r/min 时，速度继电器 KS1 断开，从而切断上述电路中的电流，使 KM1 线圈失电，反接制动过程结束。

```
     X002  X001  X010
0  ┤├──┬──┤/├──┤/├─────────────────────( Y003 )
     M0 │
   ┤├───┘                              ( T0 K40 )
     Y003  X010
8  ┤├────┤/├───────────────────────────( M0 )
     M0   Y001  M0   Y002
11 ┤├──┬──┤├───┤├───┤/├─────────────────( Y001 )
     X002 │
   ┤├─────┘
     X001  X013  Y001  X010  M0
17 ┤├────┤/├───┤/├───┤/├───┤/├──────────( Y002 )
     T0   M0
23 ┤/├───┤├──────────────────────────────( Y006 )
26 ───────────────────────────────────────[ END ]
```

图 1.122　M1 正向反接制动梯形图

```
     X003  X001  X010
0  ┤├──┬──┤/├──┤/├─────────────────────( Y003 )
     M0 │
   ┤├───┘                              ( T0 K40 )
     Y003  X010
8  ┤├────┤/├───────────────────────────( M0 )
     M0   Y002  M0   Y001
11 ┤├──┬──┤├───┤├───┤/├─────────────────( Y002 )
     X003 │
   ┤├─────┘
     X001  X012  Y002  X010  M0
17 ┤├────┤/├───┤/├───┤/├───┤/├──────────( Y001 )
     T0   M0
23 ┤/├───┤├──────────────────────────────( Y006 )
26 ───────────────────────────────────────[ END ]
```

图 1.123　M1 反向反接制动梯形图

⑦ 刀架快速移动控制梯形图如图 1.124 所示。如图 1.116 所示，移动刀架手柄压下限位开关 QS，KM5 线圈得电，刀架快速移动电动机 M3 转动，实现刀架快速移动。当刀架手柄复位松开限位开关 QS 时，KM5 线圈失电，刀架快速移动电动机 M3 停转。

```
     X007  X001
0  ┤├────┤/├───────────────────────────( Y005 )
```

图 1.124　刀架快速移动控制梯形图

⑧ 冷却泵电动机控制梯形图如图 1.125 所示。如图 1.116 所示，按下启动按钮 SB6，接触器 KM4 线圈得电，其常开主触点闭合使冷却泵电动机运行，常开辅助触点闭合自锁使电机 M2 连续运行，提供切削液。当按下停止按钮 SB5 时，接触器 KM4 线圈失电，KM4 的触点全部复位，使得冷却泵电动机停转，停止供给冷却液。

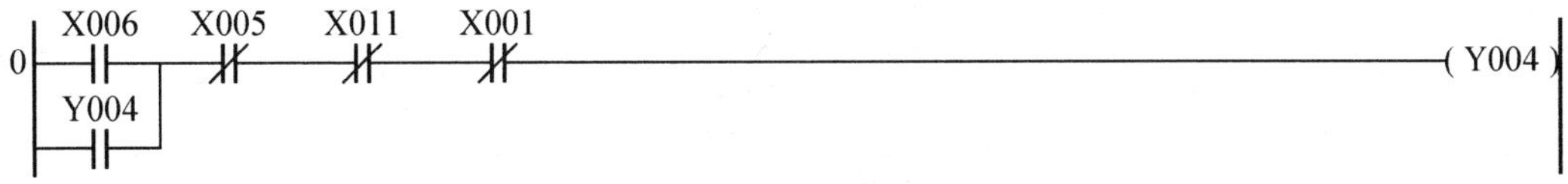

图 1.125　冷却泵电动机控制梯形图

⑨ C650 普通车床电气控制完整 PLC 程序如图 1.126 所示。

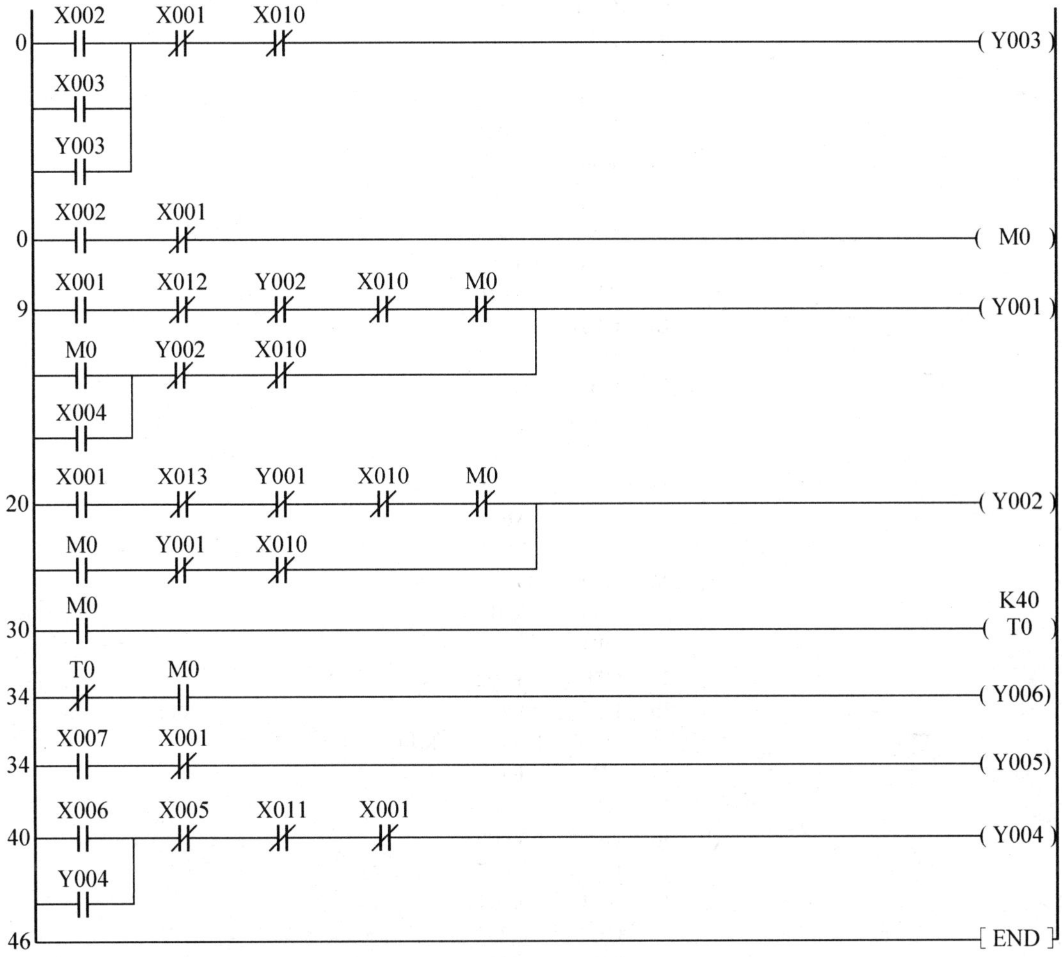

图 1.126　C650 普通车床电气控制完整 PLC 程序

⑩ C650 普通车床电气控制完整 PLC 程序对应的指令表如图 1.127 所示。

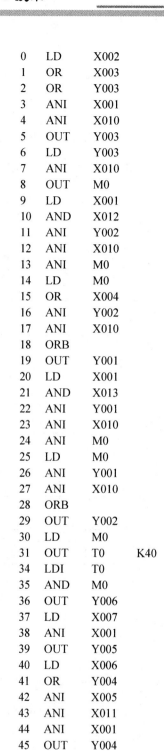

0	LD	X002	
1	OR	X003	
2	OR	Y003	
3	ANI	X001	
4	ANI	X010	
5	OUT	Y003	
6	LD	Y003	
7	ANI	X010	
8	OUT	M0	
9	LD	X001	
10	AND	X012	
11	ANI	Y002	
12	ANI	X010	
13	ANI	M0	
14	LD	M0	
15	OR	X004	
16	ANI	Y002	
17	ANI	X010	
18	ORB		
19	OUT	Y001	
20	LD	X001	
21	AND	X013	
22	ANI	Y001	
23	ANI	X010	
24	ANI	M0	
25	LD	M0	
26	ANI	Y001	
27	ANI	X010	
28	ORB		
29	OUT	Y002	
30	LD	M0	
31	OUT	T0	K40
34	LDI	T0	
35	AND	M0	
36	OUT	Y006	
37	LD	X007	
38	ANI	X001	
39	OUT	Y005	
40	LD	X006	
41	OR	Y004	
42	ANI	X005	
43	ANI	X011	
44	ANI	X001	
45	OUT	Y004	
46	END		

图 1.127　C650 普通车床电气控制 PLC 完整程序对应的指令表

任 务 小 结

　　本节在典型控制环节的基础上，通过对 C650 普通欧式车床普通生产机械电气控制线路的实例进行分析，进一步解释电气控制系统设计和工作原理、分析方法和具体工作步骤，以及如何将 C650 型车床改造成 PLC 程序设计形式。

习　　题

　　1. 分析 C650 型卧式车床的电气原理图，写出其工作过程。

　　2. 试分析时间继电器控制电流表的工作原理，为什么要在主轴电动机启动瞬间将电流表短接？

　　3. 如果主轴不能制动，试分析是什么原因导致的？

　　4. 主轴为什么要进行正向点动控制？点动的目的是什么？

模块 2

PLC 步进指令的应用

↘ 项目导读

　　项目围绕电动机顺序启动控制、电动机正反转控制、十字路口交通灯、电动机循环正反转控制 4 个子项目和花样喷水控制、自动门控制、钻床控制、挖掘机模拟控制、机械手模拟控制、电镀槽生产线控制 6 个应用实例的学习使读者理解并掌握步进指令的基本编程方法。

任务 2.1　电动机顺序启动控制

学习目标

(1) 了解步进指令的功能。

(2) 掌握 PLC 的另一种编程方法——状态转移图法, 掌握状态转移图的编程步骤。

(3) 掌握步进指令的编程方法, 同时要求能用步进指令灵活地实现从状态转移图到步进梯形图的转换。

(4) 掌握单流程结构设计方法和设计技巧。

(5) 能根据项目要求, 熟练地画出 PLC 控制系统的状态转移图、步进梯形图和指令程序。

任务引入

传统的电动机控制大多采用继电—接触器控制。为满足更多的控制要求, 传统的控制方法逐渐被 PLC 控制取代。近年来, 随着 PLC 的成本下降和功能的大大增强, 在电动机的控制系统中, PLC 已占了主导地位。

现有 4 台电动机, 按下启动按钮时, M1-M2-M3-M4 顺序启动, 启动时间间隔为 2s; 按下停止按钮时, M4-M3-M2-M1 逆序停止, 停止时间间隔为 3s。根据控制要求, 完成相应的 PLC 程序设计。

每台电动机的启动间隔时间采用定时器控制, 定时器的输出可以作为下一台电动机启动条件。反之, 定时器的输出也可以作为电动机的停止条件。

相关知识

一、状态转移图

1. 状态转移图的组成

在顺序控制中, 生产过程是按顺序有步骤地一个阶段接一个阶段连续工作的。也就是说, 每一个控制程序均可分为若干个阶段, 这些阶段称为状态。在顺序控制的每一个状态中, 都有完成该状态控制任务的驱动元件和转入下一个状态的条件。当顺序控制执行到某一个状态时, 该状态对应的控制元件被驱动, 控制输出执行机构完成相应的控制任务。当下一个状态转移条件满足时, 进入下一个状态, 驱动下一个状态对应的控制元件, 同时原状态自动切除, 原驱动的元件复位。

上述过程画出图形表示称为状态转移图, 又叫顺序功能图(SFC), 它是用状态元件描述工步状态的工艺流程图。它一般由初始状态、一般状态、转移方向和转移条件组成。每个状态提供 3 个功能: 线圈驱动输出、指定转移条件和指定转移目标。

状态元件是用于步进控制编程的重要元件, 随着状态动作的转移, 原状态元件自动复位。状态元件的常开/常闭触点使用次数无限制。当状态元件不用于步进顺序控制时, 状态元件也可作为辅助继电器用于程序中。在 FX_{2N} 中共有 1000 个状态寄存器, 其用途见表 2-1。

表 2-1 FX_{2N} 状态寄存器

类　别	元件编号	用途及特点
初始状态	S0~S9	用作 SFC 的初始状态
返回状态	S10~S19	多运行模式控制中，用作返回原点的状态
一般状态	S20~S499	用作 SFC 的中间状态
掉电保持状态	S500~S899	具有停电保持功能，用于停电后恢复需继续执行的场合
信号报警状态	S900~S999	用作报警元件使用

图 2.1 是一个简单的状态转移图。状态转移图由状态步、步动作和转移条件组成。所谓“状态步”是指控制过程中的一个特定状态，分为初始步和工作步。在顺序功能图中，状态步用方框表示，数字表示步序，在 FX_{2N} 系列 PLC 中状态软元件 S0～S899(S0～S9 表示初始状态)代表程序的状态步。与控制过程的初始状态相应的步称为初始步，用双线框表示，工作步用单线框表示。

每步所驱动的负载，称为步动作，用方框中的文字或符号表示，并用线将该方框和相应的步相连。

系统由当前一步进入下一步的信号称为转移条件(步进条件)，用垂直于状态转移方向的短线表示。转移条件可以是外部输入信号(按钮等)，程序运行中产生的信号(定时器等)，若干个信号逻辑运算的组合。

状态步之间用有向连线连接，表示状态步转移的方向，若方向为自上而下、自左而右时，连线上没有箭头标注。有向连线上的短线表示状态步的转移条件，当条件满足时，程序将激活下一状态步，同时关闭上一状态步。

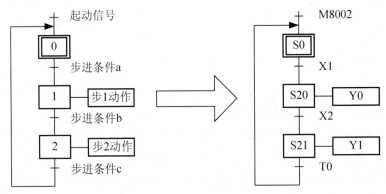

图 2.1 状态转移图

在图 2.1 中，初始状态最初由 PLC 从 STOP—RUN 切换瞬时动作的特殊辅助继电器 M8002 驱动，使 S0 置“1”。此时，当转移条件 X1 接通时，S20 置位，同时 S0 自动复位，S20 的常开触点接通，执行 Y0 输出。当转移条件 X2 接通时，自动转移到下一状态，依次类推。

注：初始状态也可由其他状态元件(本图例中位 S21)驱动。最开始运行时，初始状态必须用其他方法先驱动，使之处于工作状态(即初始状态先置 1)。

2. 状态转移图的结构

从结构上状态转移图可以分为单流程、选择性分支与汇合、并行性分支与汇合、跳转与循环。本节只介绍单流程结构。

如图 2.2(a)所示，单流程的状态转移只有一种顺序，所有的步依次被激活，每步后面只有一个转移，每个转移后面也只有一个步。图 2.2(a)中，从 S0 到 S21 被顺序激活，两步之间的转移条件只有一个。若出现循环控制，但只要以一定顺序逐步执行且没有分支，也属于单一顺序流程，如图 2.2(b)所示。

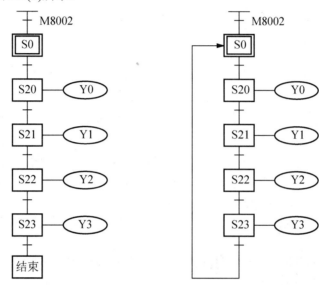

(a) 没有循环的单流程状态转移图　　　(b) 有循环的单流程状态转移图

图 2.2　单流程状态转移图

二、步进顺控指令

PX2N 系列 PLC 为编程人员提供了两条步进顺控指令 STL 和 RET。STL 是步进开始指令，RET 是 STL 的复位指令，即步进结束指令。

1. 步进接点指令 STL

STL 是表示步进开始的指令，只能用于状态器 S。步进接点指令 STL 的功能是从左母线连接步进接点。步进接点只有常开触点，没有常闭触点，步进接点要接通，应采用 SET 指令进行置位。步进接点的作用与主控接点一样，将左母线向右移动，形成母线，与副母线相连接的接点应以 LD 或 LDI 指令为起始，与副母线相连的线圈可不经过触点直接进行驱动，步进指令在状态转移图和状态梯形图中的表示如图 2.3 所示。

图 2.3 中的每个状态的副母线上都提供 3 种功能。

(1) 驱动负载(OUT Yi)。

(2) 指定转移条件(LD/LDI Xi)。

(3) 指定转移目标(SET Si)，称为状态的三要素。

后两个功能是必不可少的。

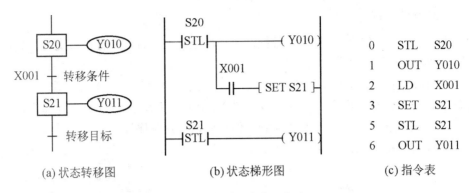

(a) 状态转移图　　　　(b) 状态梯形图　　　　(c) 指令表

图 2.3　步进指令表示方法

步进指令的执行过程是：当进入某一状态(例如 S20)时，S20 的 STL 接点接通，输出继电器线圈 Y010 接通，执行操作处理。如果转移条件满足(例如 X001 接通)，下一步的状态继电器 S21 被置位，则下一步的步进接点(S21)接通，转移到下一步状态，同时将自动复位原状态 S20(即自动断开)。

步进接点具有主控和跳转作用。当步进接点闭合时，步进接点后面的电路块被执行；当步进接点断开时，步进接点后面的电路块不执行。因此，在步进接点后面的电路块中不允许使用主控或主控复位指令。

2. 步进返回指令 RET

RET 指令的功能是使由 STL 指令所形成的副母线复位，即返回主母线。RET 指令无操作元件，其使用如图 2.4 所示。

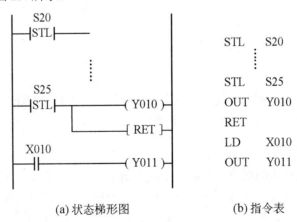

(a) 状态梯形图　　　　(b) 指令表

图 2.4　RET 指令的使用

由于步进接点指令具有主控和跳转作用，因此，不必在每一条 STL 指令后都加一条 RET 指令，只需在最后使用一条 RET 指令就可以了。

任务实施

(1) 输入输出(I/O)分配表见表 2-2。

表 2-2　任务 2.1 I/O 分配表

类别	元件	PLC 地址	功能	类别	元件	PLC 地址	功能
输入	SB0	X0	启动	输出	KM1	Y0	电动机 M1
	SB1	X1	停止		KM2	Y1	电动机 M2
					KM3	Y2	电动机 M3
					KM4	Y3	电动机 M4

(2) 外部接线图如图 2.5 所示。

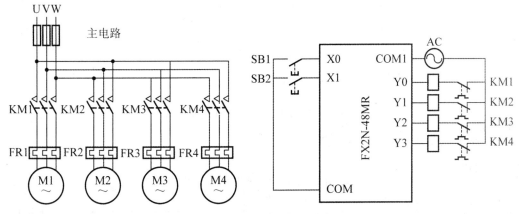

图 2.5　任务 2.1 顺序启动逆序停止外部接线图

(3) 设计状态转移图的方法和步骤如下。

① 将整个控制过程按任务要求分解，其中的每一个工序都对应一个状态步，并分配状态继电器。

电动机顺序启动逆序停止控制的状态继电器的分配如下。

初始状态→S0，电动机 M1 启动→S20，电动机 M2 启动→S21，电动机 M3 启动→S22，电动机 M4 启动→S23，电动机 M4 停止→S24，电动机 M3 停止→S25，电动机 M2 停止→S26，电动机 M1 停止→S27。

② 搞清楚每个状态的功能、作用。状态的功能是通过 PLC 驱动各种负载来完成的，负载可由状态元件直接驱动，也可由其他软触点的逻辑组合驱动。

③ 找出每个状态的转移条件和方向，即在什么条件下将下一个状态"激活"。状态的转移条件可以是单一的触点，也可以是多个触点的串、并联电路的组合。

④ 根据控制要求或工艺要求，画出状态转移图。

根据电动机顺序启动逆序停止的控制要求画出状态转移图，如图 2.6 所示。

图 2.6 是一个单流程的状态转移图，其中特殊辅助继电器 M8002 为开机脉冲特殊辅助继电器，利用它使 PLC 在开机时进入初始状态 S0。按下启动按钮 SB0(X0)，S0 到 S20 的条件满足，系统由初始状态步转换到步 S20，S20 的 STL 触点接通后，Y0 置位，KM1(Y0) 的线圈"通电"，电动机 M1 转，定时器 T0 定时时间到，S20 到 S21 的转换条件满足，进入 S21 状态，电动机 M2 转，依次类推。当按下停止按钮 SB1(X1)时，状态 S23 到 S24 的转换条件满足，S24 的 STL 触点接通后，Y3 复位，KM4(Y3)的线圈"断电"，电动机 M4 停，接下来定时器 T3 时间到，电动机 M3 停，依次类推。

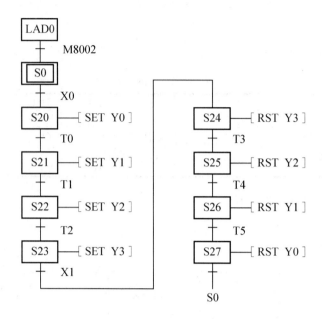

图 2.6　顺序启动逆序停止的状态转移图

(4) 根据状态转移图写出梯形图，如图 2.7 所示。

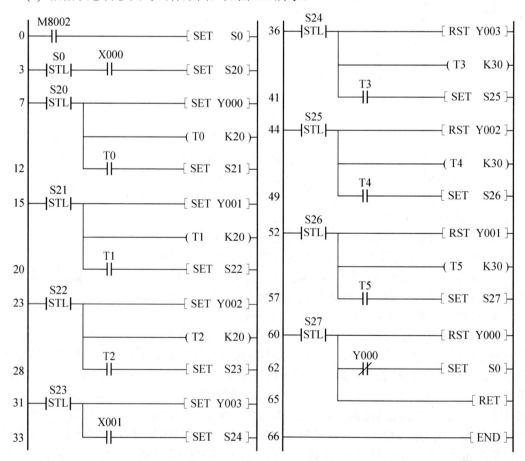

图 2.7　顺序启动逆序停止的梯形图

 知识扩展

状态内接点指令使用

可以在步进接点内处理的顺控指令见表 2-3。

表 2-3　可在状态内处理的顺控指令一览表

状态\指令		LD/LDI/LDP/LDF AND/ANI/ANDP/ANDF OR/ORI/ORP/ORF/INV/OUT, SET/RST,PLS/PLF	ANB/ORB MPS/MRD/MPP	MC/MCR
初始状态/一般状态		可用	可用	不可用
分支，汇合状态	输出处理	可用	可用	不可用
	转移处理	可用	不可用	不可用

表中栈指令 MPS/MRD/MPP 在状态内不能直接与步进接点后的新母线连接，应在 LD 或 LDI 指令之后，如图 2.8 所示。

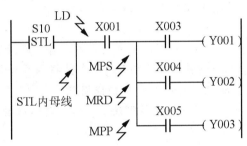

图 2.8　栈指令在状态内的正确使用

在 STL 指令的内母线上将 LD 或 LDI 指令编程后，将不能对没有触点的线圈进行编程，如图 2.9(a)所示为错误的编程方法，应改成如图 2.9(b)或 2.9(c)所示。

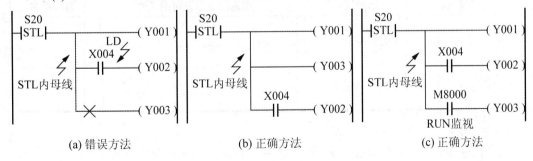

(a) 错误方法　　　　(b) 正确方法　　　　(c) 正确方法

图 2.9　状态内没有触点线圈的编程

控制电机正反转时为了避免两个线圈同时接通短路，在状态内可实现输出线圈互锁，方法如图 2.10 所示。

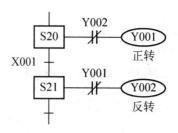

图 2.10　输出线圈互锁控制

任 务 小 结

1. 状态转移图

在绘制状态转移图可将一个复杂的控制过程分解为若干个工作状态，弄清楚每个工作状态的作用，转移到其他工作状态的方向和条件，再根据控制顺序的要求，把所有的工作状态连接起来，就形成了状态转移图。

在绘制状态转移图时，需要注意以下几点。

(1) 状态转移图必须要有初始状态。若没有该状态，一是无法表示系统的初始状态，再之系统无法返回到停止状态。

(2) 若状态转移顺序不是从上到下、从左到右时，有向连接的箭头不能省略。

(3) 状态步之间不能直接连接，必须要有转移条件将两步隔开。在状态步转移过程中，相邻两步的状态继电器会同时接通一个扫描周期，会引发瞬时双线圈问题。应用时要考虑避免双线圈的发生，若软件无法解决，也可以尝试从硬件方面解决。

2. 步进指令

STL、RET 指令功能、梯形图表示、操作软元件、所占程序步数见表 2-4。

表 2-4　指令助记符和功能

助记符名称	功能说明	梯形图表示及可用元件	程 序 步
〔STL〕步进阶梯	步进阶梯开始	S ┤STL├ ┤/├ ─( )	1
〔RET〕返回	步进阶梯结束	─[RET]	1

步进指令使用特点如下。

(1) 转移源自动复位功能。每一个状态在转移条件满足时会转移到下一个状态，而原状态自动复位。

(2) 允许双重输出。在步进梯形图中，由 STL 驱动的不同状态器可以驱动同一输出，使得双线圈输出成为可能，但需注意同一元件的多个线圈不能同时出现在同一活动步的 STL 区域内。定时器线圈不能在相邻的状态中出现。

(3) 主控功能。使用 STL 指令时，相当于建立了一个子母线，要用 LD 指令从子母线开始编程；使用 RET 指令之后，返回到主母线，LD 指令从主母线开始编程。

(4) 状态继电器唯一性。STL 指令在同一程序中对某一状态继电器只能使用一次，不能重复使用，即控制编程中同一状态只能出现一次，否则会引起程序执行错误。

习　题

一、判断题

(1) 当状态元件不用于步进顺序时，状态元件可作为输出继电器用于程序当中。
　　　　　　　　　　　　　　　　　　　　　　　　　　　　　　　( )

(2) 在状态转移过程中，在一个扫描周期会出现两个状态同时动作的可能，因此两个状态中不允许同时动作的驱动元件之间应进行联锁控制。　　　　　　( )

(3) 使用 STL 指令时，在转移条件成立后，要用复位指令使状态元件复位。　( )

(4) 在步进接点后面的电路块中不允许使用主控或主控复位指令。　　　　( )

(5) 由于步进接点指令具有主控和跳转作用，因此，不必每一条 STL 指令后都加一条 RET 指令，只需在最后使用一条 RET 指令就可以了。　　　　　　　( )

二、选择题

(1) 对于顺序控制的工艺来说，应采用( )来编程。
　　A. 翻译法　　　　　　　B. 功能图法　　　　　　C. 逻辑设计法　　　　D. 分析法

(2) STL 指令的操作元件为( )。
　　A. 定时器 B　　　　　　　　　　　　　B. 计数器 C
　　C. 辅助继电器 M　　　　　　　　　　　D. 状态元件 S

(3) PLC 中步进触点返回指令 RET 的功能是( )。
　　A. 程序的复位指令
　　B. 程序的结束指令
　　C. 将步进触点由子母线返回到原来的左母线
　　D. 将步进触点由左母线返回到原来的副母线

(4) 在步进指令中的状态元件，具有的特性元素是( )。
　　A. 线圈元素　　　　B. 触点元素　　　　C. 前两种元素的双重性

(5) 在步进指令中的 STL 对( )有效。
　　A. 状态元件 S　　　B. 输入继电器 X　　　C. 辅助继电器 M　　D. 定时器 T

三、问答题

(1) 状态转移图由哪几部分组成？状态转移图的每个状态需具备哪些功能？

(2) STL 指令与 LD 指令有什么区别？请举例说明。

(3) 状态转移图编程通常有哪几种结构形式？

(4) 用 PLC 步进指令编程时的主要步骤有哪些？

4. 图 2.11 是某控制系统的状态转移图，请绘出其步进梯形图，并写出指令。

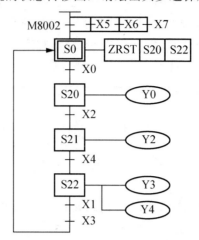

图 2.11　某控制系统的状态转移图

5. 4 个彩灯 HL1，HL2，HL3，HL4 工作情况如下：按下启动按钮，4 个彩灯依次轮流点亮(1s)，循环运行，如按下停止按钮，则彩灯全灭，试设计用户程序。

6. 设计一个控制 3 台电机 M1～M3 顺序启动和停止的 SFC 程序。

(1) 当按下启动按钮 SB2 后，M1 启动；M1 运行 2s 后，M2 也一起启动；M2 运行 3s 后，M3 也一起启动。

(2) 按下停止按钮 SB1 后，M3 停止；M3 停止 2s 后，M2 停止；M2 停止 3s 后，M1 停止。

要求步骤：①输入/输出端口设置；②接线图；③状态转移图；④步进梯形图和指令表。

任务 2.2　电动机正反转控制

学习目标

(1) 进一步掌握状态转移图的编程步骤和步进指令的编程方法，同时要求能用步进指令灵活地实现从状态转移图到步进梯形图的转换。

(2) 掌握选择性分支结构的状态编程。

(3) 能根据项目要求，熟练地画出 PLC 控制系统的状态转移图、步进梯形图和指令程序。

任务引入

生产机械往往要求运动部件能够实现正反两个方向的运动，这就要求电动机能够正反向旋转，因此对电动机的正反转控制的研究是很有必要的。

用步进指令设计电动机正反转控制的程序。控制要求为：按正转启动按钮 SB1，电动机正转，按停止按钮 SB，电动机停止；按反转启动按钮 SB2，电动机反转，按停止按钮 SB，电动机停止；且热继电器具有保护功能。

由三相异步电动机的工作原理可知，改变电动机定子绕组的电源相序，就可以使电动机改变转向。因此，主电路只要用两只交流接触器就能实现这一要求，控制电路用 PLC 进行控制，当按下启动按钮 SB1 时，其中一个接触器线圈得电接通，电动机正转运行，按下反转启动按钮 SB2 后，另外一个接触器线圈得电接通，电动机反转运行。正转和反转由条件(正转按钮、反转按钮)决定，采用步进指令进行编程时，其状态转移图属于选择性分支与汇合。

相关知识

前一节中介绍的状态转移图是属于单流程的编程，在稍复杂的编程中也常常用到选择流程的编程。选择性序列的编程涉及到选择性分支编程和汇合编程两个方面。

1. 选择性流程程序的特点

由两个及两个以上的分支程序组成，但只能从中选择一个分支执行的程序，称为选择性序列程序。图 2.12 是一个选择性序列状态转移图。

2. 选择性分支的编程

选择性序列的设计方法与单流程的设计方法基本上一样。如果某一步的后面有 N 条选择序列的分支，则该步的 STL 触点开始的电路块中应有 N 条分支指向各转换条件和转换目标的并联电路。例图 2.12 中，步 S0 之后的转换条件为 X1、X2，可以分别对应发展到步 S20 和步 S21。如果当 S0 执行后，若 X1 先有效，则跳到 S20 执行，此后即使 X2 有效，S21 也无法执行。之后若 X3 有效，则脱离 S20 跳到 S22 执行，当 X5 有效后，结束流程。当 S0 执行后，若 X2 先有效，则跳到 S21 执行，此后即使 X1 有效，S20 也无法执行。注意选择性分支流程不能交叉。

3. 选择性合并的编程

在选择分支结束时，N 条分支通过相应的转移，最后都会汇集到某一共同状态(公共步)上去。不管哪条分支的转移条件满足都可使状态转移到公共步，同时系统程序将原来的活动步变为不活动步。每条分支的转移条件可以相同可以不同，图 2.12 所示步 S20 和步 S21 转移到步 S22 的转移条件不同，分别为 X3、X4。

状态图对应的梯形图结束时，一定要使用 RET 指令才能使 LD 点回到左侧的主母线上，否则系统不能正常工作。

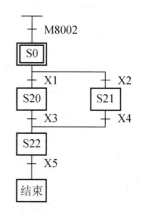

图 2.12　选择性分支与汇合状态转移图

任务实施

(1) I/O 分配表见表 2-5。

表 2-5　任务 2.2 I/O 分配表

类　别	元　件	PLC 地址	功　能	类　别	元　件	PLC 地址	功　能
输入	SB	X0	停止按钮	输出	KM1	Y1	电机正转

续表

类　别	元　件	PLC 地址	功　能	类　别	元　件	PLC 地址	功　能
输入	SB1	X1	正转按钮	输出	KM2	Y2	电机反转
	SB2	X2	反转按钮				
	FR 常开	X3	热继电器保护				

(2) 外部接线图如图 2.13 所示。

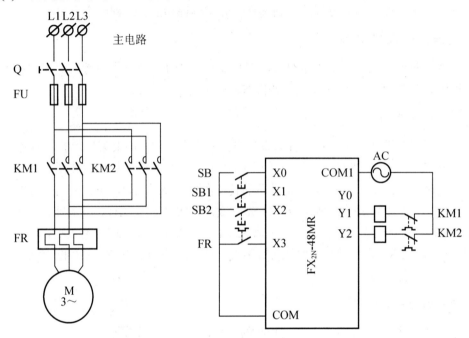

图 2.13　任务 2.2 电机正反转接线图

(3) 设计状态转移图的方法和步骤如下。

① 将整个控制过程按任务要求分解，其中的每一个工序都对应一个状态步，并分配状态继电器。

电动机顺序启动逆序停止控制的状态继电器的分配如下。

初始状态→S0，电动机正转→S20，电动机反转→S21。

② 搞清楚每个状态的功能、作用。

③ 找出每个状态的转移条件和方向，即在什么条件下将下一个状态激活。

④ 根据控制要求或工艺要求，画出状态转移图。

根据电动机顺序启动逆序停止的控制要求画出状态转移图，如图 2.14 所示。

图 2.14 中，由 M8002 激活初始步 S0，如果先按下正转启动按钮 SB1(X1)，步 S20 被激活为活动步，KM1(Y1)线圈得电，电动机正转；如果先按下反转启动按钮 SB2(X2)，步 S21 被激活为活动步，KM2(Y2)线圈得电，电动机反转。按下停止按钮 SB(X0)或者热继电器常开触点 X3 闭合，电动机停止。

M8002
S0
X1
X2
S20
Y1
S21
Y2
X0
X3
X0
X3

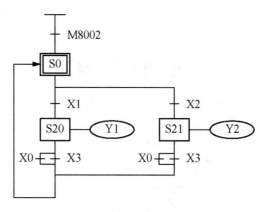

图 2.14　电机正转状态转移图

(4) 根据状态转移图写出梯形图如图 2.15 所示。

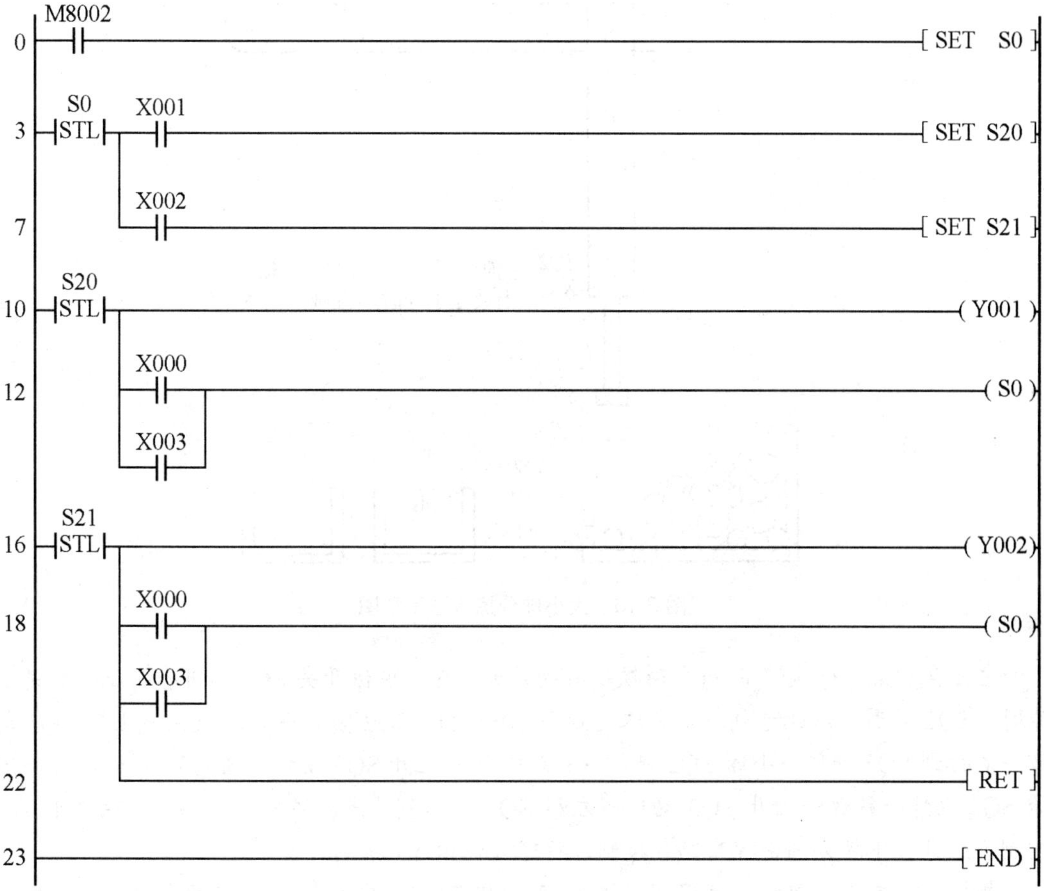

0
M8002
SET S0
3
S0
STL
X001
SET S20
7
X002
SET S21
10
S20
STL
Y001
12
X000
S0
X003
16
S21
STL
Y002
18
X000
S0
X003
22
RET
23
END

图 2.15　任务 2.2 电动机正反转梯形图

知识扩展

大小球分拣控制

电动机正反转是一个比较简单的选择性流程状态图的实例，在复杂的编程中常常应用选择性流程，下面给出大小球分拣控制的例子。

大、小球分类选择传送装置示意图如图 2.16 所示，分析如下。

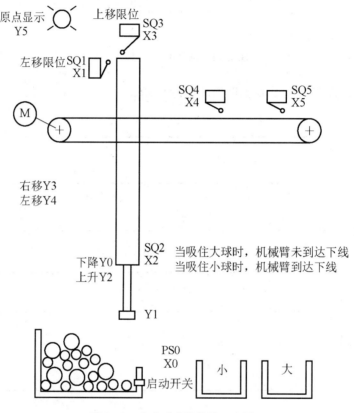

图 2.16　大小球分拣传送示意图

左上为原点，机械臂下降(当磁铁压着的是大球时，限位开关 SQ2 断开，而压着的是小球时，SQ2 接通，以此可判断是大球还是小球)→大球 SQ2 断开→将球吸住→上升 SQ3 动作→右行到 SQ5 动作→小球 SQ2 接通→将球吸住→上升 SQ3 动作→右行到 SQ4 动作→下降 SQ2 动作→释放→上升 SQ3 动作→左移 SQ1 动作到原点。左移、右移分别由 Y4、Y3 控制，上升、下降分别由 Y2、Y0 控制，将球吸住由 Y1 控制。

根据工艺要求，该控制流程可根据 SQ2 的状态(即对应大、小球)有两个分支，此处应为分支点，且属于选择性分支。分支在机械臂下降之后根据 SQ2 的通断，分别将球吸住、上升、右行到 SQ4 或 SQ5 处下降，此处应为汇合点，然后再释放、上升、左移到原点。根据工艺要求绘制状态转移图如图 2.17 所示。

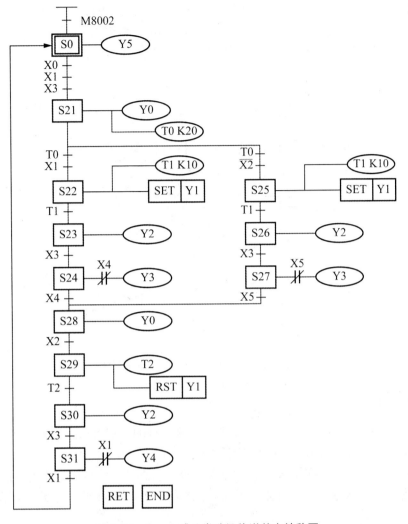

图 2.17　大、小球分类选择传送状态转移图

任 务 小 结

　　选择性流程程序由两个及两个以上的分支程序组成，但只能从中选择一个分支执行。选择性流程不能交叉。

习　　题

1. 判断题。

(1) 选择性分支与汇合是从多个分支流程中选一个单支流程，某时刻必须且只要一条支路满足条件。 （　　）

(2) PLC 中的选择性流程指的是多个流程分支可同时执行的分支流程。　　　　（　）

2. 请写出图 2.17 大、小球分类选择传送状态转移图对应的梯形图。

3. 有一选择性分支状态转移图如图 2.18 所示，请绘出其步进梯形图，并写出指令。

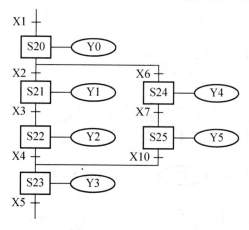

图 2.18　选择性分支状态转移图

任务 2.3　十字路口交通灯

▶ 学习目标

(1) 进一步掌握状态转移图的编程步骤和步进指令的编程方法，同时要求能用步进指令灵活地实现从状态转移图到步进梯形图的转换。

(2) 掌握并行分支结构的状态编程，掌握多分支状态转移图与梯形图的转换。

(3) 能根据项目要求，熟练地画出 PLC 控制系统的状态转移图、步进梯形图并写出指令程序。

▶ 任务引入

交通灯的应用十分广泛，尤其是十字路口的交通信号灯。交通灯能疏导交通，对车辆行人起到警戒作用。因此，对于交通灯控制方法的研究，具有积极的意义。

设计十字路口交通信号灯的程序，信号灯的动作受开关总体控制，按一下启动按钮，信号灯系统开始工作，并周而复始地循环动作；按一下停止按钮，所有信号灯都熄灭。信号灯控制的具体要求见表 2-6。

表 2-6　十字路口交通信号灯控制要求

东 西	信 号	绿灯亮	绿灯闪亮	黄灯亮	红灯亮		
	时 间	25s	3s	2s	30s		
南 北	信 号	红灯亮			绿灯亮	绿灯闪亮	黄灯亮
	时 间	30s			25s	3s	2s

根据控制要求画出十字路口交通信号灯控制的时序图，如图 2.19 所示。

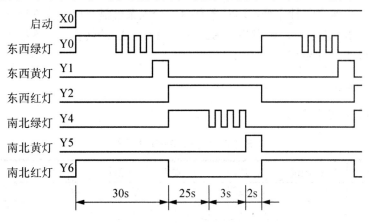

图 2.19　交通信号灯控制的时序图

采用步进指令对交通信号灯进行控制，把每个灯的点亮作为一个状态步，每个方向作为一条支路。因此，整个状态转移图是并行性流程。

相关知识

并行分支与汇合的编程也是工作控制中较为常见的控制方式。并行序列和选择序列类似，也要先进行驱动处理，再进行转换处理。不同的是，它的 N 条分支是同步被执行的，不存在满足哪条分支的转移条件，就只取该条分支执行的问题。图 2-20 所示的是一个并行流程状态转移图。当有多条路径，且多条路径同时执行时，这种分支方式为并行分支。并行汇合的编程，也要求先将汇合前的状态进行驱动处理，再按顺序向汇合状态进行转移处理。并行汇合最多只能是 8 条分支的汇合。

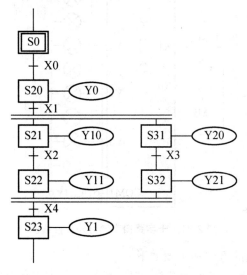

图 2.20　并行性分支与汇合状态转移图

图 2.20 中，步 S20 之后有一个并行序列的分支，当步 S20 为活动步，转移条件 X1 满足时，将发生 S20 到 S21 的转换和 S20 到 S31 的转换。因此用 S20 和 X1 的串联电路，来

使两个后续步 S21 和 S31 置位,同时将前级对应的元件 S20 复位。步 S22 和步 S32 是等待步,用来同时结束两个并行序列。转移条件 X2、X3 条件满足时,步 S22 和 S32 变为活动步,当转移条件 X4 满足时,则发生步 S22 和 S32 到 S23 的转换,步 S22 和 S32 变为不活动步,而步 S23 为活动步。

▶ 任务实施

(1) I/O 分配表见表 2-7。

表 2-7　任务 2.3 I/O 分配表

类别	元件	PLC 地址	功能	类别	元件	PLC 地址	功能
输入	SB1	X0	启动按钮	输出	HL1	Y0	东西向绿灯
	SB2	X1	停止按钮		HL2	Y1	东西向黄灯
					HL3	Y2	东西向红灯
					HL4	Y4	南北向绿灯
					HL5	Y5	南北向黄灯
					HL6	Y6	南北向红灯

(2) 十字路口交通灯的外部接线图如图 2.21 所示。

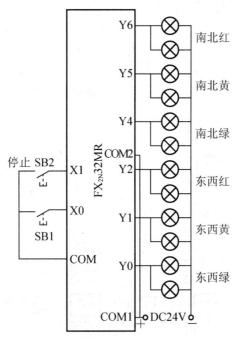

图 2.21　十字路口交通灯外部接线图

(3) 设计状态转移图的方法和步骤如下。

① 将整个控制过程按任务要求分解,其中的每一个工序都对应一个状态步,并分配状态继电器。

电动机顺序启动逆序停止控制的状态继电器的分配如下。

初始状态→S0,东西绿灯亮→S20,东西绿灯闪→S21,东西黄灯亮→S22,东西红灯亮→S23，南北红灯亮→S30，南北绿灯亮→S31，南北绿灯闪→S32，南北黄灯亮→S33。

② 搞清楚每个状态的功能、作用。

③ 找出每个状态的转移条件和方向，即在什么条件下将下一个状态"激活"。

④ 根据控制要求或工艺要求，画出状态转移图。

根据交通灯的控制要求画出状态转移图，如图 2.22 所示。

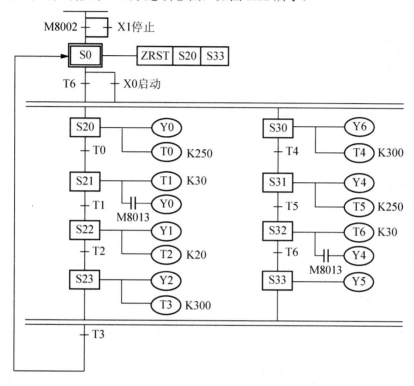

图 2.22　十字路交通灯状态转移图

(4) 根据状态转移图写出梯形图如图 2.23 所示。

图 2.23　十字路口交通灯梯形图

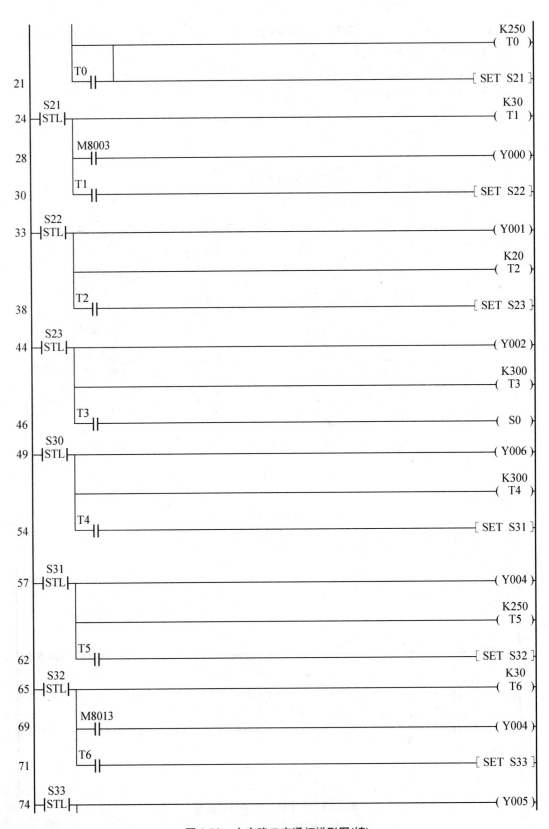

图 2.23　十字路口交通灯梯形图(续)

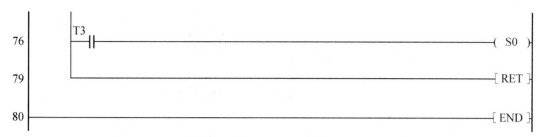

图 2.23　十字路口交通灯梯形图(续)

知识扩展

分支、汇合的组合

前面介绍了选择序列和并行序列的分支和组合的编程方式，但在一些复杂的顺序控制中，往往会有两者的分支、汇合组合在一起的情况。分支、汇合组合有以下几种情况。

1. 选择性汇合后的选择性分支

如图 2.24 所示，在对选择性汇合后的选择性分支的状态转移图进行编程时，要在选择性汇合后和下一个选择性分支之前增设一步 S100，这一步是虚拟步，只起转换作用，并不是顺序控制的某个状态，也不会有具体的输出。

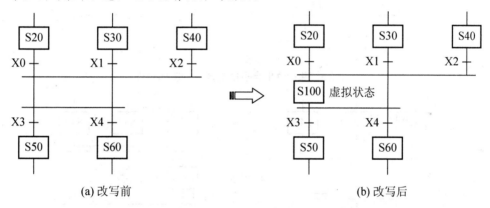

(a) 改写前　　　　　　　　　　　　　　(b) 改写后

图 2.24　选择性汇合后的选择性分支的处理

2. 选择性汇合后的并行分支

如图 2.25 所示，在对选择性汇合后的并行分支的状态转移进行编程时，同样在选择性汇合后于并行性分支之前增设一步 S102。

3. 并行汇合后的选择性分支

如图 2.26 所示，在对并行性汇合后的选择性分支的状态转移图进行编程时，在并行性汇合选择性分支之前增设一步 S103。

4. 并行性汇合后的并行性分支

如图 2.27 所示，在对并行性汇合后的并行性分支的状态转移图进行编程时，在并行性汇合后与下一个并行性汇合前增设一步 S101。

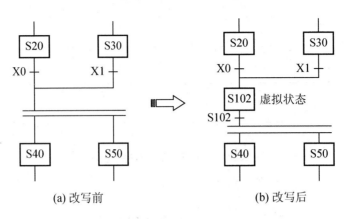

图 2.25 选择性汇合后的并行性分支的处理

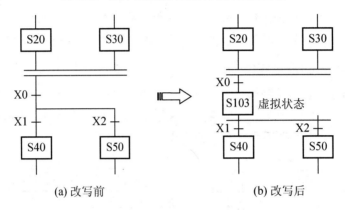

图 2.26 并行性汇合后的选择性分支的处理

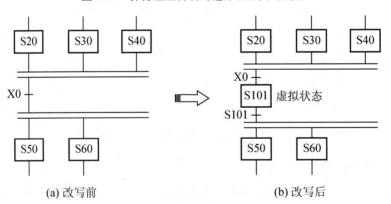

图 2.27 并行性汇合后的并行性分支的处理

任 务 小 结

　　并行流程具有多条路径，且多条路径同时执行。并行汇合的编程，要求先将汇合前的状态进行驱动处理，再按顺序向汇合状态进行转移处理。并行汇合最多只能实现 8 条分支的汇合。

一些复杂的顺序控制中，往往会有选择序列和并行序列的分支、汇合组合在一起的情况。分支、汇合组合有以下几种情况。

　　(1) 选择性汇合后的选择性分支。

　　(2) 选择性汇合后的并行分支。

　　(3) 并行汇合后的选择性分支。

　　(4) 并行性汇合后的并行性分支。

　　在对以上几种状态转移图进行编程时，要增设一步虚拟步，只起转换作用，并不是顺序控制的某个状态，也不会有具体的输出。

习　　题

　　1. 并行流程状态图的特点是什么？其与选择序列状态图有什么区别？

　　2. 并行序列和选择序列的分支、汇合在一起的情况一般有哪几种？编程时分别要注意什么？

　　3. 有一并行分支状态转移图如图 2.28 所示。请绘出其步进梯形图，并写出指令。

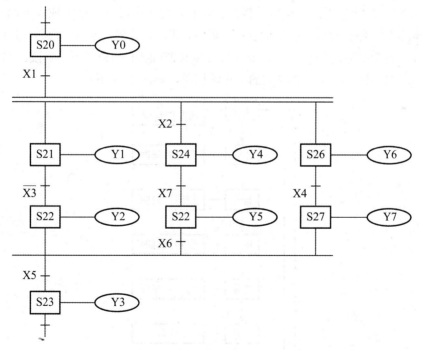

图 2.28　并行分支状态转移图

　　4. 设计十字路口交通灯的程序，要求如下：南北方向红灯亮 55s，同时东西方向绿灯先亮 50s，然后绿灯闪烁 3 次(亮 0.5s，灭 0.5s)，最后黄灯再亮 2s，此时东西南北两个方向同时翻转，东西方向变为红灯，南北方向变为绿灯，如此循环。画出状态转移图并写出指令表。

任务 2.4　电动机循环正反转控制

学习目标

(1) 进一步掌握状态转移图的编程步骤和步进指令的编程方法，同时要求能用步进指令灵活地实现从状态转移图到步进梯形图的转换。

(2) 掌握跳转和循环结构的状态编程。

(3) 能根据项目要求，熟练地画出 PLC 控制系统的状态转移图、步进梯形图并写出指令程序。

任务引入

电动机循环正反转的应用非常广泛，最常见的应用就是洗衣机的控制、工作台的往返控制，因此对电动机循环正反转控制的研究是很有意义的。

电动机循环正反转控制要求为：电动机正转 3s，暂停 2s，反转 3s，暂停 2s，如此循环 5 个周期，然后自动停止；运行中，可按停止按钮停止，此时热继电器动作也应停止。

电动机循环正反转控制实际上是一个顺序控制，整个控制过程可分为如下 6 个工序(也叫阶段)：复位、正转、暂停、反转、暂停、计数。每个阶段又分别完成如下的工作(也叫动作)：初始复位、停止复位、热保护复位，正转、延时，暂停、延时，反转、延时，暂停、延时，计数；各个阶段之间只要条件成立就可以过渡(也叫转移)到下一阶段。因此，可以很容易地画出电动机循环正反转控制的工作流程图，如图 2.29 所示。

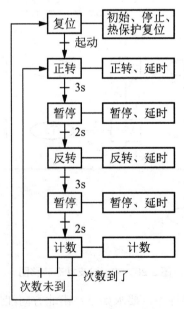

图 2.29　电动机循环正反转控制的工作流程图

↘ 相关知识

状态的跳转和循环也是状态转移图中常见的结构。

1. 跳转

跳转是指不按照顺序一步步往下执行，而是从某步直接跳转到目的步的方式。跳转时要用箭头连接到目的步。跳转有顺向跳转、逆向跳转、程序间跳转及复位跳转等，如图 2.30 所示。跳转属于选择性序列的一种特殊情况。

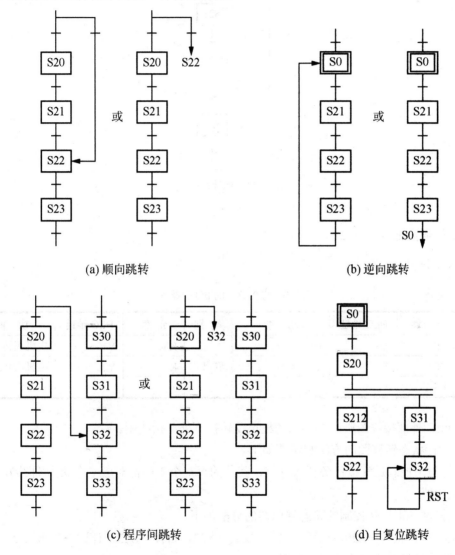

(a) 顺向跳转　　　　　　　　　　(b) 逆向跳转

(c) 程序间跳转　　　　　　　　　(d) 自复位跳转

图 2.30　状态跳转的几种形式

2. 循环

循环是指在程序的某些步之间多次重复执行，也是状态转移图常见的结构。如图 2.31 所示，向前面状态进行转移的流程称为循环，用箭头指向转移的目标状态。使用循环流程可以实现一般的重复。

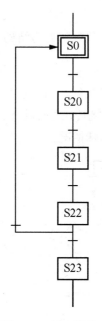

图 2.31　循环结构

任务实施

(1) I/O 分配表见表 2-8。

表 2-8　任务 2.4 的 I/O 分配表

类　别	元　件	PLC 地址	功　能	类　别	元　件	PLC 地址	功　能
	SB	X0	停止按钮		KM1	Y1	电机正转
输入	SB1	X1	启动按钮	输出	KM2	Y2	电机反转
	FR 常开	X2	热继电器保护				

(2) PLC 外部接线图略，参照电动机正反转控制外部接线图。

(3) 设计状态转移图的方法和步骤如下。

① 将整个控制过程按任务要求分解，其中的每一个工序都对应一个状态(即步)，并分配状态继电器。

电动机循环正反转控制的状态继电器的分配如下。

复位→S0，正转→S20，暂停→S21，反转→S22，暂停→S23，计数→S24。

② 搞清楚每个状态的功能、作用。

③ 找出每个状态的转移条件和方向，即在什么条件下将下一个状态"激活"。

④ 根据控制要求或工艺要求，画出状态转移图。

根据电动机循环正反转的控制要求画出状态转移图，如图 2.32 所示。

(4) 根据状态转移图写出梯形图如图 2.33 所示。

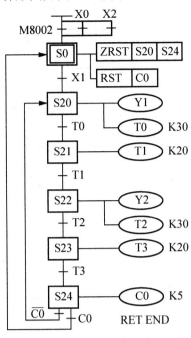

图 2.32 任务 2.4 的电动机循环正反转状态转移图

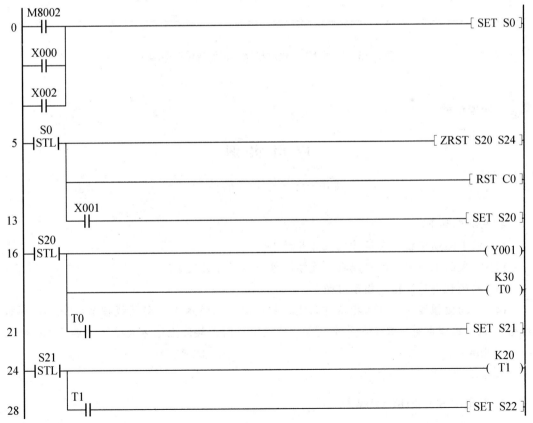

图 2.33 任务 2.4 的电动机循环正反转梯形图

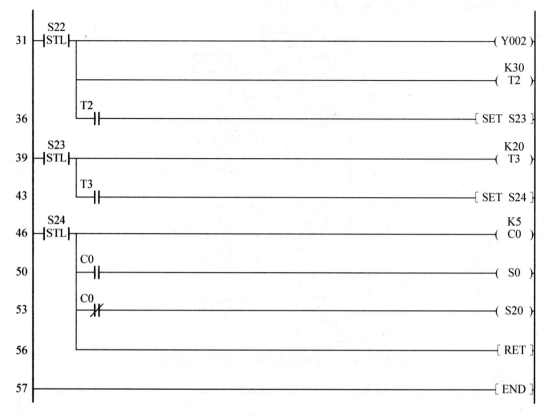

图 2.33 任务 2.4 的电动机循环正反转梯形图(续)

 **知识扩展**

应 用 实 例

实例一：花样喷水控制

控制要求如下。

(1) 按下启动按钮，喷泉控制装置开始工作。

(2) 喷泉的工作方式由单周期、连续、单步运行开关决定。

(3) 初始状态时，待机指示灯亮。

(4) 启动按钮按下，中间指示灯亮 1s，接下来中间喷水 1s，环状线指示灯亮 1s，环状线喷水 1s。单周期时，只运行一个周期。连续运行时，按照上述方式循环。单步运行时，一步一步运行。

程序设计

1. 确定输入输出(I/O)分配表

I/O 分配表见表 2-9。

表 2-9　花样喷水控制 I/O 分配表

类　别	PLC 地址	功　能	类　别	PLC 地址	功　能
输入	X0	启动	输出	Y0	单机显示灯
	X1	单周期		Y1	中央指示灯
	X2	连续方式		Y2	中央喷水
	X3	单步运行		Y3	环状线指示灯
				Y4	环状线喷水

2. 状态转移图

根据控制要求画出状态转移图，如图 2.34 所示。

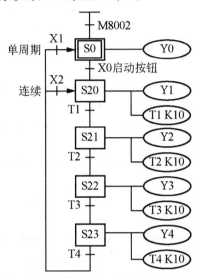

图 2.34　花样喷水控制的状态转移图

3. 梯形图

根据状态转移图写出梯形图如图 2.35 所示。

图 2.35　花样喷水控制的梯形图

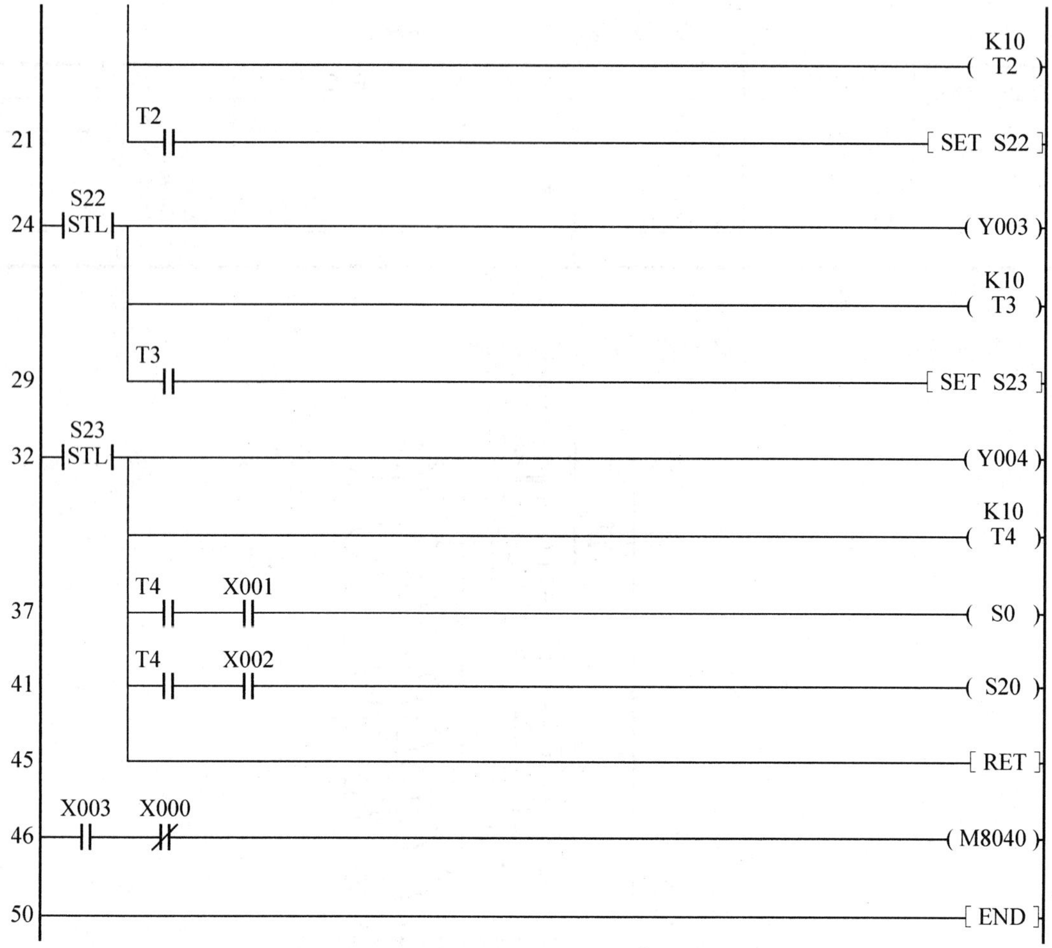

K10
T2
T2
21
SET S22
S22
24
STL
Y003
K10
T3
T3
29
SET S23
S23
32
STL
Y004
K10
T4
T4
X001
37
S0
T4
X002
41
S20
45
RET
X003
X000
46
M8040
50
END

图 2.35　花样喷水控制的梯形图(续)

4. 外部接线图

花样喷水控制外部接线图如图 2.36 所示。

PLC
启动
X0
Y0
待机显示
单周期
X1
Y1
中央指示灯
连续
X2
Y2
中央喷水
单步
X3
Y3
环状线指示灯
COM
运行
RUN
Y4
环状线喷水
电源
220V
0V
COM
FU
用户电源

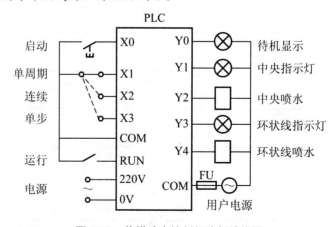

图 2.36　花样喷水控制的外部接线图

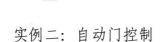

实例二：自动门控制

控制要求如下。

(1) 有人时，高速开门，碰到行程开关 SQ1 时，低速开门；碰到行程开关 SQ2 时，停止 0.5s。

(2) 后高速关门，碰到行程开关 SQ3 时，低速关门；碰到行程开关 SQ4 时，返回原位。

(3) 如果在高速关门时有人，则停止 0.5s 后高速开门；如果在低速关门时有人，也停止 0.5s 后高速开门。

程序设计

整个项目分为两个过程 4 个步骤：高速开门、低速开门、高速关门、低速关门。在关门过程中可能会出现跳转到开门的过程。

1. 确定输入输出(I/O)分配表

I/O 分配表见表 2-10。

表 2-10　自动门控制的 I/O 分配表

类　别	元　件	PLC 地址	功　能	类　别	元　件	PLC 地址	功　能
输入		X0	有人信号	输出	KM1	Y0	上升
	SQ1	X1	低速开门		KM2	Y1	下降
	SQ2	X2	停止开门		KM3	Y2	左转
	SQ3	X3	低速关门		KM4	Y3	右转
	SQ4	X4	停止关门				

2. 状态转移图

根据控制要求画出状态转移图，如图 2.37 所示。

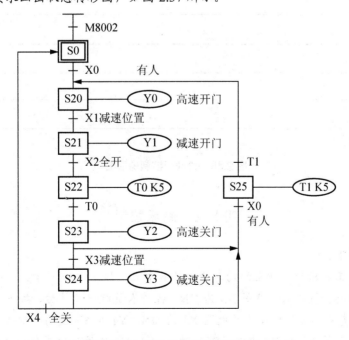

图 2.37　自动门控制状态转移图

3. 梯形图

根据状态转移图写出梯形图如图 2.38 所示。

```
        M8002
0      ┤├────────────────────────────────────────────[ SET  S0 ]
        S0   X000
3    ─┤STL├──┤├───────────────────────────────────────[ SET S20 ]
        S20
7    ─┤STL├──────────────────────────────────────────( Y000 )
             X001
9           ─┤├────────────────────────────────────────[ SET S21 ]
        S21
12   ─┤STL├──────────────────────────────────────────( Y001 )
             X002
14          ─┤├────────────────────────────────────────[ SET S22 ]
        S22
17   ─┤STL├──────────────────────────────────────────( T0   K5 )
             T0
21          ─┤├────────────────────────────────────────[ SET S23 ]
        S23
24   ─┤STL├──────────────────────────────────────────( Y002 )
             X003
26          ─┤├────────────────────────────────────────[ SET S24 ]
             X000
29          ─┤├────────────────────────────────────────[ SET S25 ]
        S24
32   ─┤STL├──────────────────────────────────────────( Y003 )
             X004
34          ─┤├────────────────────────────────────────( S0  )
             X000
37          ─┤├────────────────────────────────────────[ SET S25 ]
        S25
40   ─┤STL├──────────────────────────────────────────( T1   K5 )
             T1
44          ─┤├────────────────────────────────────────( S20 )
47                                                      [ RET ]
48                                                      [ END ]
```

图 2.38　自动门控制梯形图

实例三：钻床控制

控制要求如下。

钻床用来加工圆盘状零件上的均匀分布的 6 个孔，如图 2.39 所示。开始自动运行时两个钻头在最上面的位置，限位开关 X3 为 ON。操作人员放好工件后，按下启动按钮 X0，Y0 变为 ON，工件夹紧，夹紧后压力继电器 X1 为 ON，Y1 和 Y3 使两个钻头同时开始工作，分别钻到由限位开关 X2 和 X4 设定的深度时，Y2 和 Y4 使两个钻头分别上行，升到由限位开关 X3 和 X5 设定的起始位置时，分别停止上行，设定值为 3 的计数器 C0 的当前值加 1。

Y2 和 Y4 都上升到指定位置后，若没有钻完 3 对孔，C0 的常闭触点闭合，Y5 使工件旋转 120°，旋转到位时限位开关 X6 为 ON，旋转结束后又开始钻第 2 对孔。3 对孔都钻完后，计数器的当前值等于设定值 3，C0 的常开触点闭合，Y6 使工件松开，松开到位时，限位开关 X7 为 ON，系统返回初始状态。

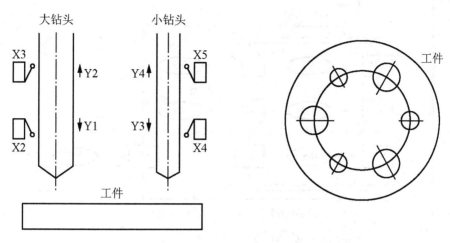

图 2.39 工件孔位分布图

程序设计

1. 确定输入输出(I/O)分配表

I/O 分配表见表 2-11。

表 2-11 钻床控制 I/O 分配表

类　别	PLC 地址	功　能	类　别	PLC 地址	功　能
输入	X0	启动按钮	输出	Y0	工件夹紧
	X1	夹紧到位		Y1	大钻头动作
	X2	大钻头下限位		Y2	大钻头上行
	X3	大钻头上限位		Y3	小钻头动作
	X4	小钻头下限位		Y4	小钻头上行
	X5	小钻头上限位		Y5	工件旋转
	X6	旋转到位		Y6	工件松开
	X7	松开到位			

2. 状态转移图

根据控制要求画出状态转移图，如图 2.40 所示。

3. 梯形图

根据状态转移图写出梯形图如图 2.41 所示。

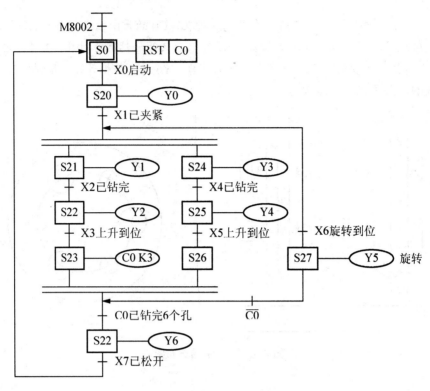

图 2.40   钻床控制状态转移图

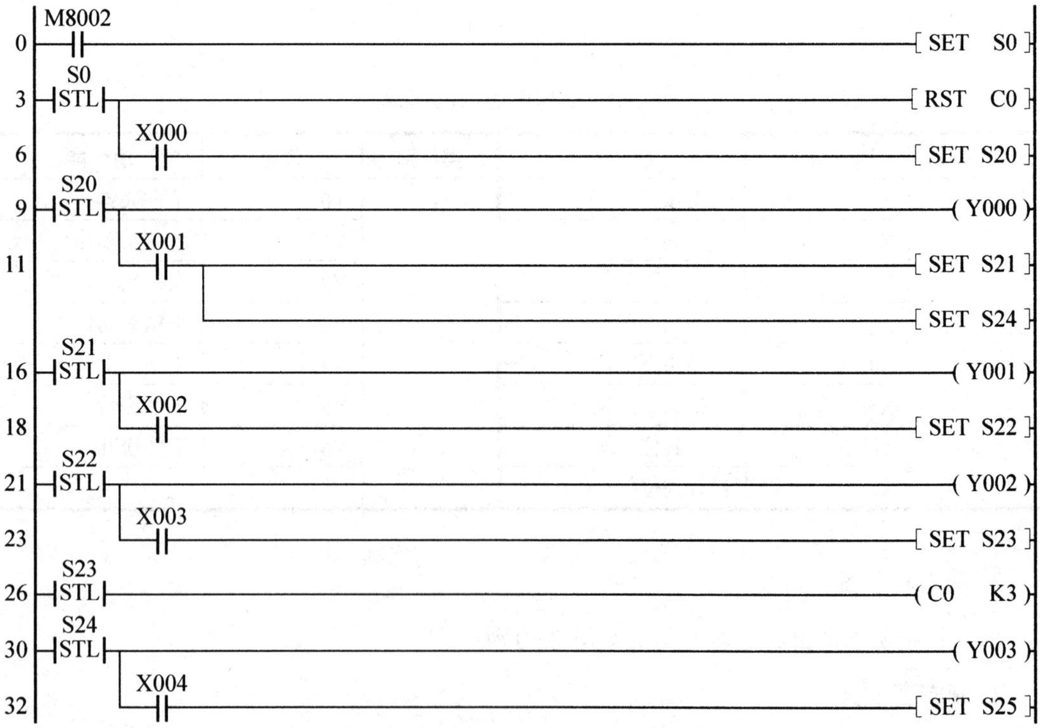

图 2.41   钻床控制梯形图

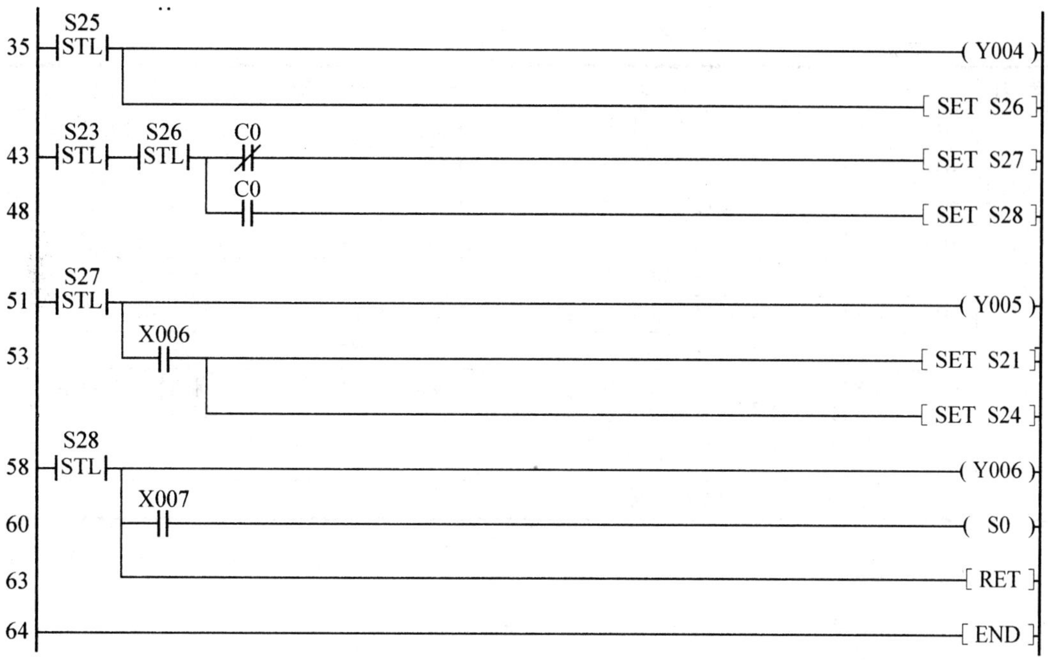

```
        S25
35     ─┤STL├─────────────────────────────────────────────( Y004 )
                                                            [ SET S26 ]

        S23     S26     C0
43     ─┤STL├──┤STL├───┤／├────────────────────────────────[ SET S27 ]

                        C0
48     ─────────────────┤├─────────────────────────────────[ SET S28 ]

        S27
51     ─┤STL├─────────────────────────────────────────────( Y005 )

              X006
53     ────────┤├─────────────────────────────────────────[ SET S21 ]
                                                            [ SET S24 ]

        S28
58     ─┤STL├─────────────────────────────────────────────( Y006 )

              X007
60     ────────┤├─────────────────────────────────────────( S0 )

63     ────────────────────────────────────────────────────[ RET ]

64     ────────────────────────────────────────────────────[ END ]
```

图 2.41　钻床控制梯形图(续)

实例四：挖掘机模拟控制

控制要求如下。

挖掘机在自然状态下，手爪在最上面的位置。操作人员拨动转换开关 SA(手动/自动切换)选择操作状态。当为自动状态时，按下启动按钮 SB9，挖掘机前进 1m，开始工作，挖 5 次为一车，然后退回 1m 处，如此循环。其电路图如图 2.42 所示。

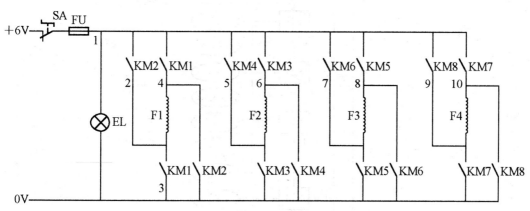

图 2.42　挖掘机电路图

程序设计

1. 确定输入输出(I/O)分配表

I/O 分配表见表 2-12。

表 2-12　挖掘机模拟控制的 I/O 分配表

类别	元件	PLC 地址	功能	类别	元件	PLC 地址	功能
输入	SB	X0	手动/自动切换	输出	KM1	Y1	左轮前进控制接触器
	SB1	X1	左轮前进按钮		KM2	Y2	左轮后退控制接触器
	SB2	X2	左轮后退按钮		KM3	Y3	右轮前进控制接触器
	SB3	X3	右轮前进按钮		KM4	Y4	右轮后退控制接触器
	SB4	X4	右轮前进按钮		KM5	Y5	挖土控制接触器
	SB5	X5	左轮前进按钮		KM6	Y6	提升控制接触器
	SB6	X6	左轮前进按钮		KM7	Y7	车身左转控制接触器
	SB7	X7	左轮前进按钮		KM8	Y10	车身右转控制接触器
	SB8	X10	左轮前进按钮				
	SB9	X11	自动控制启动				
	SB10	X12	自动控制停止				

2. 状态转移图

根据控制要求画出状态转移图，如图 2.43 所示。

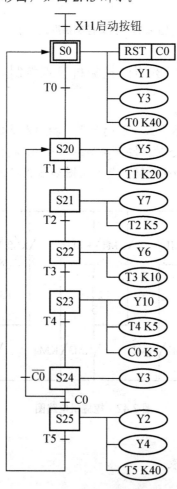

图 2.43　挖掘机模拟控制状态转移图

3. 梯形图

根据状态转移图写出梯形图如图 2.44 所示。

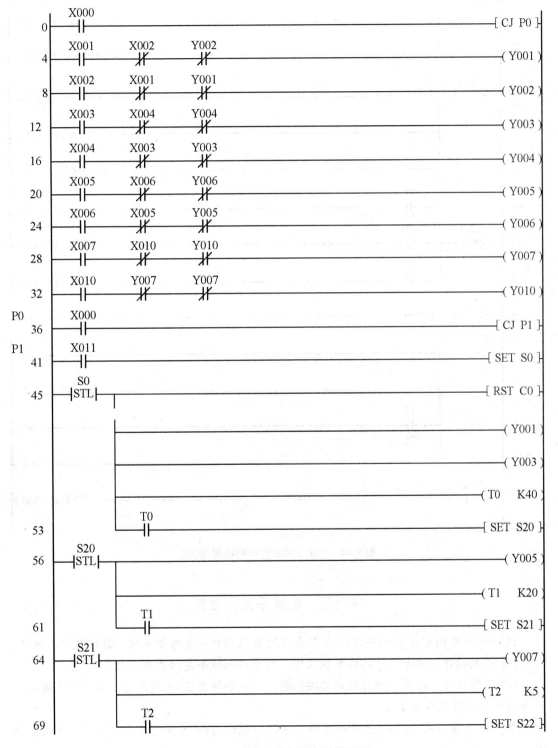

图 2.44　挖掘机模拟控制的梯形图

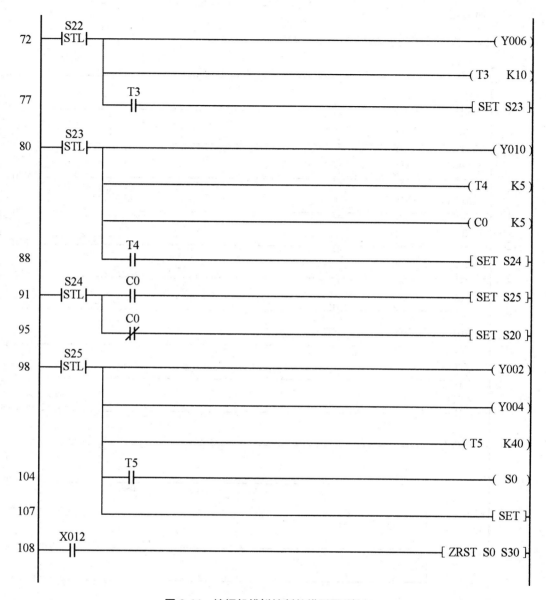

图 2.44　挖掘机模拟控制的梯形图(续)

实例五：机械手模拟控制

设计一个用 PLC 控制的将工件从 A 点移到 B 点的机械手控制系统，其控制要求如下。

(1) 手动操作，每个动作均能单独操作，用于将机械手复归至原点位置。

(2) 连续运行，在原点位置按启动按钮时，机械手按图 2.45 所示连续工作一个周期，一个周期的工作过程如下。

原点→下降→夹紧(T)→上升→右移→下降→放松(T)→上升→左移到原点，时间自行规定。

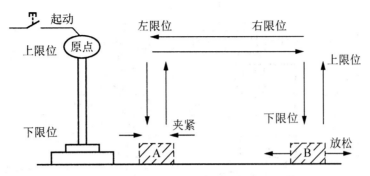

图 2.45　机械手动作的示意图

图 2.45 说明如下。

(1) 机械手的工作是从 A 点将工件移到 B 点。

(2) 原点处机械夹钳处于夹紧位，机械手处于左上角位。

(3) 机械夹钳有电放松，无电夹紧。

程序设计

1. 确定输入输出(I/O)分配表

I/O 分配表见表 2-13 所示。

表 2-13　机械手模拟控制的 I/O 分配表

类　别	PLC 地址	功　能	类　别	PLC 地址	功　能
输入	X0	自动/手动切换	输出	Y0	工件夹紧/放松
	X1	停止		Y1	上升
	X2	自动启动		Y2	下降
	X3	上限位		Y3	左移
	X4	下限位		Y4	右移
	X5	左限位		Y5	原点指示
	X6	右限位			
	X7	手动向上			
	X10	手动向下			
	X11	手动左移			
	X12	手动向右			
	X13	手动放松			

2. 状态转移图

根据系统的控制要求及 PLC 的 I/O 分配，其系统状态转移图如图 2.46 所示。

3. 外部接线图

根据系统控制要求，系统接线图如图 2.47 所示(PLC 的输出负载都用指示灯代替)。

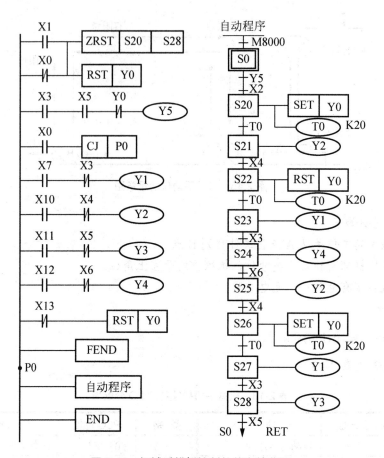

图 2.46 机械手模拟控制的状态转移图

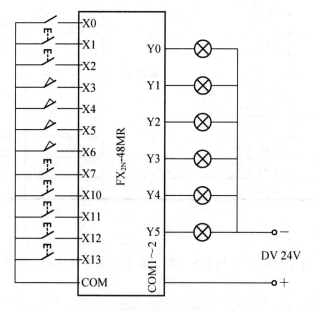

图 2.47 机械手模拟控制系统的接线图

实例六：电镀槽生产线控制

控制要求如下。

(1) 具有手动和自动控制功能，手动时，各动作能分别操作。

(2) 自动时，按下启动按钮后，从原点开始按图 2.48 所示的流程运行一周回到原点；图中 SQ1～SQ4 为行车进退限位开关，SQ5、SQ6 为吊钩上、下限位开关。

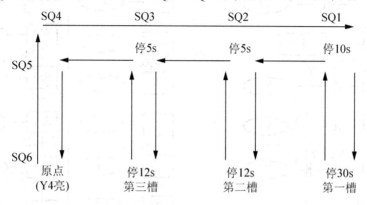

图 2.48 电镀槽生产线的控制流程

程序设计

1. 确定输入输出(I/O)分配表

I/O 分配表见表 2-14。

表 2-14 电镀槽生产线控制的 I/O 分配

类 别	PLC 地址	功 能	类 别	PLC 地址	功 能
输入	X0	自动/手动切换	输出	Y0	吊钩上
	X1	右限位		Y1	吊钩下
	X2	第二槽限位		Y2	行车右行
	X3	第三槽限位		Y3	行车左行
	X4	左限位		Y4	原点指示
	X5	上限位			
	X6	下限位			
	X7	停止			
	X10	自动位启动			
	X11	手动向上			
	X12	手动向下			
	X13	手动向右			
	X14	手动向左			

2. 状态转换图

根据系统的控制要求及 PLC 的 I/O 分配，其系统状态转移图如图 2.49 所示。

3. 外部接线图

根据系统控制要求，其系统接线图如图 2.50 所示。

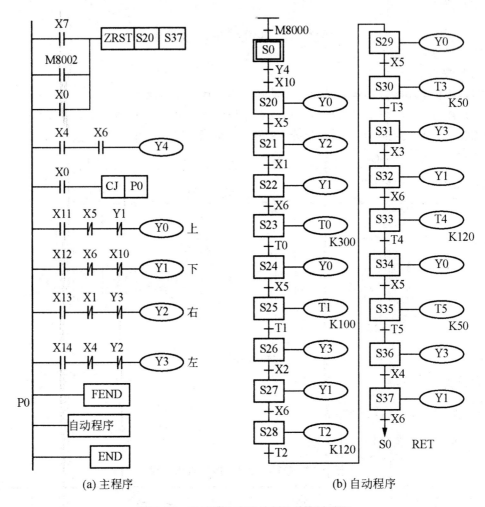

(a) 主程序　　　　　　　　(b) 自动程序

图 2.49　电镀槽生产线控制的状态转移图

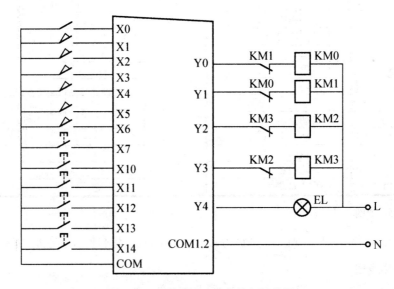

图 2.50　电镀槽生产线的外部接线图

任 务 小 结

　　状态的跳转和循环是状态转移图中常见的结构。跳转是指不按照顺序一步步往下执行，而是从某步直接跳转到目的步的方式。跳转时要用箭头连接到目的步。循环是指向前面状态进行转移的流程，逆向跳转也是循环。循环结构有时要求具体的循环的次数，常用计数器进行控制。

习　　题

1. 状态的跳转具有什么特点？跳转结构有哪几种形式？
2. 状态的循环具有什么特点？
3. 请依据机械手模拟控制的状态转移图绘制出梯形图，并写出指令。
4. 请依据电镀槽生产线控制的状态转移图绘制出梯形图，并写出指令。
5. 有一小车运行过程如图 2.51 所示。小车原位在后退终端，当小车压下后限位开关 SQ1 时，按下启动按钮 SB，小车前进，当运行至料斗下方时，前限位开关 SQ2 动作，此时打开料斗给小车加料，延时 8s 后半闭料斗，小车后退返回，SQ1 动作时，打开小车底门卸料，6s 后结束，完成一次动作，如此循环下去。请用状态编程思想设计其状态转移图。

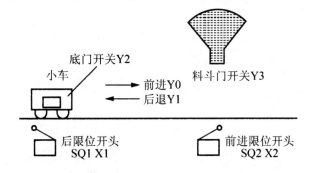

图 2.51　小车运行过程示意图

模块 3

PLC 功能指令的应用

项目导读

此项目用 PLC 完成四人投票程序设计、自动售货机程序设计、两种液体自动混合控制程序设计、彩灯控制程序设计、停车场车位控制程序设计、四层电梯程序设计等，通过各子项目的学习使读者初步掌握部分应用指令的编程方法。

任务 3.1　电动机点动控制电路 PLC 设计

▶ 学习目标

掌握传送指令、比较指令、加法指令、区间复位指令的使用。

▶ 任务引入

由于投票表决采用人工检票的方式，既落后效率又低。近年来，随着我国经济的快速发展，现代自动化技术的发展给人们的生活带来了诸多便利，因此 PLC 的自动投票机应运而生。投票机的自动化减少了大量人工检票的时间，提高了效率。

▶ 相关知识

1. 传送指令

传送指令 MOV　(D)MOV(P)指令的编号为 FNC12，该指令的功能是将源数据传送到指定的目标。如图 3.1 所示，当 X0 为 ON 时，将[S.]中的数据 K10 传送到目标操作元件[D.]即 D10 中。在指令执行时，常数 K10 会自动转换成二进制数。当 X0 为 OFF 时，不执行指令，数据保持不变。

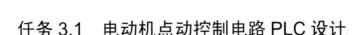

图 3.1　传送指令的应用

2. 比较指令

(1) 比较指令包括 CMP(比较)和 ZCP(区间比较)两个。

(2) 比较指令CMP　(D)CMP(P)指令的编号为FNC10，将源操作数[S1.]和源操作数[S2.]的数据进行比较，比较结果用目标元件[D.]的状态来表示。如图 3.2 所示，当 X0 为 ON 时，把常数 10 与 D1 的当前值进行比较，比较的结果送入 M0～M2 中。X0 为 OFF 时，不执行指令，M0～M2 的状态保持不变。

图 3.2　比较指令的应用

3. 加法指令

加法指令 ADD(D)ADD(P)指令的编号为 FNC20，它将指定的源元件中的二进制数相加结果送到指定的目标元件中去。如图 3.3 所示，当 X0 为 ON 时，执行(D0)+(D1)→(D2)。

```
         X000                              [S1.][S2.][D.]
   0 ├──┤ ├─────────────────────────────┤ ADD D0 D1 D2 ├
```

图 3.3 加法指令的应用

比较指令 CMP 是将源操作数 S1 与 S2 的数据进行比较，当 K10 大于 D1 时，M0=ON；K10 等于 D1 时，M1=ON；K10 大小于 D1 时，M2=ON。

4. 区间复位指令

区间复位指令 ZRST(P)的编号为 FNC40，它将指定范围内的同类元件成批复位。如图 3.4 所示，当 M8002 由 OFF→ON 时，位元件 M500～M599 成批复位，字元件 C235～C255 也成批复位。

```
      X000
   0 ├──┤ ├──────┬──────────────────────────────────( Y000 )
      Y000       │                                     K20
   8 ├──┤ ├──────┤                                    ( T0 )
      T0         │
   6 ├──┤ ├──────┤──────────────────────────────────( Y001 )
                 │                                     K20
                 └──────────────────────────────────( T1 )
      T1
  11 ├──┤ ├──────────────────────────────────────────( Y003 )
      X001                                 [D1.]  [D2.]
  13 ├──┤ ├─────────────────────────────┤ ZRST Y000 Y003 ├
  19 ─────────────────────────────────────────────────[ END ]
```

图 3.4 区间复位指令的使用

[D1.]和[D2.]可取 Y、M、S、T、C、D，且应为同类元件，同时[D1]的元件号应小于[D2]指定的元件号，若[D1]的元件号大于[D2]元件号，则只有[D1]指定元件被复位。

▶ 任务实施

一、程序设计

1. 输入输出地址分配

画出表 I/O 分配表见表 3-1。

表 3-1　任务 3.1 的 I/O 分配表

类　别	元　件	PLC 地址	功　能	类　别	元　件	PLC 地址	功　能
输入	SB0	X0	启动	输出	HL1	Y0	投票开始指示灯
	SB1	X1	议员 1		HL2	Y1	未通过指示灯
	SB2	X2	议员 2		HL3	Y2	同票指示灯
	SB3	X3	议员 3		HL4	Y3	通过指示灯
	SB4	X4	议员 4				
	SB5	X5	停止				

2. 低压断路器的结构及工作原理

(1) 传送指令(MOV)的梯形图如图 3.5 所示。

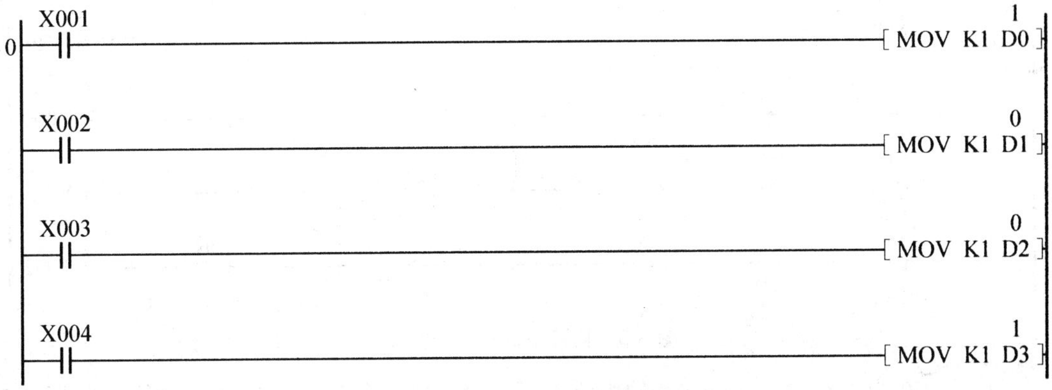

图 3.5　传送指令的梯形图

当 PLC 处在 RUN 且在监控状态时，X1、X4 为 ON 而 D0、D3 均为 1；X2、X3 为 OFF，此时 D1、D2 的内容均为 0。

(2) 加法指令(ADD)的梯形图如图 3.6 所示。

图 3.6　加法指令的梯形图

当 PLC 处在 RUN 且在监控状态时，X0、X1、X2 为 ON，则执行(D0+D1)放到 D4 中，(D2+D3)放到 D5 中，(D4+D5)放到 D6 中。

(3) 比较指令(CMP)的梯形图如下。

① 当 X0 为 ON 时，由于 D6 的内容 1 小于 2，M0 常开闭合，Y0 有输出，如图 3.7 所示。

```
      X000                                                    1
0    ─┤├──┬─────────────────────────────────[ CMP  K2  D6  M0 ]
         │  M0
         ├─┤├──────────────────────────────────────────( Y000 )
         │  M1
         ├─┤├──────────────────────────────────────────( Y001 )
         │  M2
         └─┤├──────────────────────────────────────────( Y002 )
```

图 3.7　比较指令的梯形图一

② 当 X0 为 ON 时，由于 D6 的内容 2 等于 2，M2 常开闭合，Y1 有输出，如图 3.8 所示。

```
      X000                                                    2
0    ─┤├──┬─────────────────────────────────[ CMP  K2  D6  M0 ]
         │  M0
         ├─┤├──────────────────────────────────────────( Y000 )
         │  M1
         ├─┤├──────────────────────────────────────────( Y001 )
         │  M2
         └─┤├──────────────────────────────────────────( Y002 )
```

图 3.8　比较指令的梯形图二

③ 当 X0 为 ON 时，由于 D6 的内容 2 等于 2，M1 常开闭合，Y1 有输出，如图 3.9 所示。

```
      X000                                                    3
0    ─┤├──┬─────────────────────────────────[ CMP  K2  D6  M0 ]
         │  M0
         ├─┤├──────────────────────────────────────────( Y000 )
         │  M1
         ├─┤├──────────────────────────────────────────( Y001 )
         │  M2
         └─┤├──────────────────────────────────────────( Y002 )
```

图 3.9　比较指令的梯形图三

二、调试程序

1. 输入程序

四人投票程序的梯形图如图 3.10 所示。

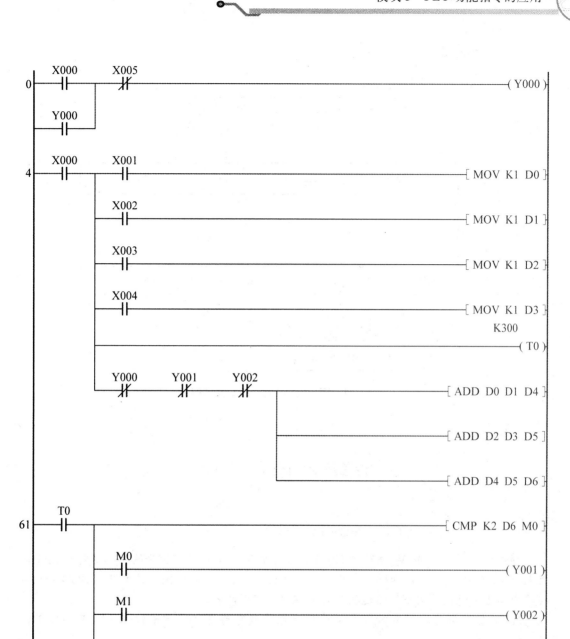

图 3.10　四人投票程序的梯形图

2. 设计接线图

设计接线图如图 3.11 所示。

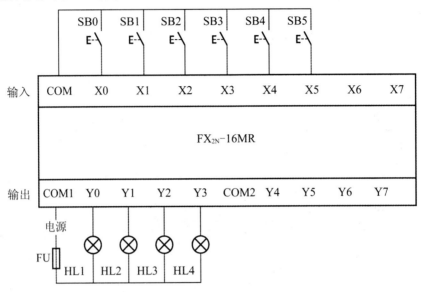

图 3.11 四人投票程序的设计接线图

 知识扩展

传送指令与区间比较指令

一、传送指令

1. 移位传送指令 SMOV SMOV(P)

移位传送指令 SMOV SMOV(P)指令的编号为 FNC13。该指令的功能是将源数据(二进制)自动转换成 4 位 BCD 码,再进行移位传送,传送后的目标操作数元件的 BCD 码自动转换成二进制数。使用移位传送指令时应该注意以下两点。

(1) 源操作数可取所有数据类型,目标操作数可为 KnY、KnM、KnS、T、C、D、V、Z。

(2) SMOV 指令只有 16 位运算,占 11 个程序步。

2. 取反传送指令 CML (D)CML(P)

取反传送指令 CML (D)CML(P)指令的编号为 FNC14。它将源操作数元件的数据逐位取反并传送到指定目标。

3. 块传送指令 BMOV BMOV(P)

块传送指令 BMOV BMOV(P)指令的 ALCE 编号为 FNC15。它的功能是将源操作数指定元件开始的 n 个数据组成数据块传送到指定的目标。传送顺序既可从高元件号开始,也可从低元件号开始,传送顺序自动决定。若用到需要指定位数的位元件,则源操作数和目标操作数的指定位数应相同。

二、区间比较指令 ZCP　(D)ZCP(P)

区间比较指令 ZCP　(D)ZCP(P)指令的编号为 FNC11，指令执行时源操作数[S.]与[S1.]和[S2.]的内容进行比较，并将比较结果送到目标操作数[D.]中。当 X0 为 ON 时，把 C30 当前值与 K100 和 K120 相比较，并将结果送到 M3、M4、M5 中。当 X0 为 OFF 时，ZCP 不执行，M3、M4、M5 保持当前状态不变。

任 务 小 结

(1) 使用比较指令 CMP/ZCP 时应注意以下几点。

① [S1.]、[S2.]可取任意数据格式，目标操作数[D.]可取 Y、M 和 S。

② 使用 ZCP 时，[S2.]的数值不能小于[S1.]。

③ 所有的源数据都被看成二进制值处理。

(2) 使用移位传送指令时应该注意以下两点。

① 源操作数可取所有数据类型，目标操作数可为 KnY、KnM、KnS、T、C、D、V、Z。

② SMOV 指令只有 16 位运算，占 11 个程序步。

习　题

一、选择题

1. 使用传送指令后(　　)。

　　A. 源操作数的内容传送到目的操作数，且源操作数的内容清零

　　B. 目的操作数的内容传送到源操作数，且目的操作数的内容清零

　　C. 源操作数的内容传送到目的操作数，且原操作数的内容不变

　　D. 目的操作数的内容传送到源操作数，且目的操作数的内容不变

2. 循环右移位指令的操作码是(　　)。

　　A. ROR　　　　　　　B. ROL　　　　　　　C. RCR　　　　　　　D. RCL

3. PLC 的清零程序是(　　)。

　　A. RST S20 S30　　　　　　　　　　B. RST T0 T20

　　C. ZRST S20 S30　　　　　　　　　　D. ZRST X0 X27

4. FX$_{2N}$ 系列 PLC 应用指令有(　　)。

　　A. 35 种 50 条　　　　B. 38 种 55 条　　　　C. 95 种 228 条　　　　D. 128 种 298 条

5. REF(50)是(　　)指令。

　　A. 刷新　　　　　　　B. 滤波时间调整　　　C. 报警器复位　　　　D. 报警器置位

二、判断题

1. 操作数用来指明参与操作的对象，即告诉机器对哪些元件进行操作。　　　　　　(　　)

2. FX$_{2N}$ 系列 PLC 中每一个数据寄存器都是 16 位的，因此无法存储 32 位数据。

（　　）

3. 功能指令的执行方式分为连续执行方式和脉冲执行方式。　　　　　（　　）

4. 利用 M8246~M8250 的 ON/OFF 动作可监控 C246~C250 的增/减计数动作。（　　）

三、问答题

1. 功能指令有哪些执行形式？32 位操作指令与 16 位操作指令有何区别？

2. FX 系列 PLC 数据传送比较指令有哪些？简述这些指令的助记符、功能和操作数范围等。

3. PLC 控制系统的设计一般分为哪几步？

4. 试用比较指令设计一个密码锁控制程序。密码锁为 4 键，若按 H65 对后 2s，开照明；按 H87 对后 3s，开空调。

5. 设有 8 盏指示灯，控制要求是：当 X0 接通时，全部灯亮；当 X1 接通时，奇数灯亮；当 X2 接通时，偶数灯亮；当 X3 接通时，全部灯灭。试设计电路并用数据传送指令编写程序。

任务 3.2　自动售货机程序设计

学习目标

(1) 掌握加 1 指令 INCP 的使用。
(2) 掌握减法指令 SUB 的使用。
(3) 了解减法指令 SUBP 的使用。

任务引入

从自动售货机的发展趋势来看，它是由劳动密集型的产业构造向技术密集型社会转变的产物。大量生产、大量消费以及消费模式和销售环境的变化，要求出现新的流通渠道；而相对的超市、百货购物中心等新的流通渠道的产生，人工费用也不断上升；再加上场地的局限性以及购物的便利性等这些因素的制约，无人自动售货机作为一种必需的机器便应运而生了。从供给的条件看，自动售货机可以充分补充人力资源的不足，适应消费环境和消费模式的变化，24h 无人售货的系统更省力，运营时需要的资本少、面积小，有吸引人们购买好奇心的自身性能，可以很好地解决人工费用上升的问题等。现在自动售货机产业正在走向信息化并进一步实现合理化。

自动售货机有一个投币孔，能分别识出：1 元、5 元、10 元、20 元、50 元和 100 元。X0：1 元、X1：5 元、X2：10 元、X3：20 元、X4：50 元、X5：100 元；X11：饼干按钮，X12：口香糖按钮，X13：雪碧按钮，X14：汉堡包按钮，X15：红山茶按钮，X16：黄山按钮，X17：找钱；Y1：饼干，Y2：口香糖，Y3：雪碧，Y4：汉堡包，Y5：红山茶，Y6：黄山，根据要求设计 PLC 控制程序并调试。当按下选择 01 商品的价格时，售货机进行减法运算，从投入的货币总值中减去 01 商品的价格同时启动相应的电机，提取 01 号商品到出货口。此时售货机继续进行等待外部命令，如继续交易，则同上，如果此时不再购买而按下退币按钮，售货机则要进行退币操作，退回相应的货币，并在程序中清零，完成此次交易。

相关知识

1. 加 1 指令 INCP

加 1 指令 INCP 指令的编号为 FNC24。它的功能是当条件满足时将指定元件的内容加 1。如图 3.12 所示，当 X0 为 ON 时，(D10)+1→(D10)；若指令是连续指令，则每个扫描周期均做一次加 1 运算。

```
   X000                                              [D.]
0 ─┤├──────────────────────────────────[ INCP D10 ]
```

图 3.12　加 1 指令的使用

2. 减法指令 SUB

减法指令 SUB 指令的编号为 FNC21。它的功能是将[S1.]指定元件中的内容以二进制形式减去[S2.]指定元件的内容，其结果存入由[D.]指定的元件中。如图 3.13 所示，当 X0 为 ON 时，执行(D0)—(D1)→(D12)，运算是代数运算，如 12-(-1)=13。

```
   X000                                          [S1.][S2.][D.]
0 ─┤├────────────────────────────────[ SUB D0 D1 D12 ]
```

图 3.13　SUB 减法指令的使用

3. 减法指令 SUBP

减法指令 SUB　(D)SUB(P)指令的编号为 FNC21。它的功能是将[S11.]指定元件中的内容以二进制形式减去[S12.]指定元件的内容，其结果存入由[D.]指定的元件中。如图 3.14 所示，当 X0 为 ON 时，执行一次(D0)—(K1)→(D0)。

```
   X000                                          [S11.][S12.][D.]
0 ─┤├────────────────────────────────[ SUBP D0 K1 D0 ]
```

图 3.14　SUBP 减法指令的使用

任务实施

一、程序设计

1. 画出表 I/O 分配表

I/O 分配表见表 3-2。

表 3-2　任务 3.2 的 I/O 分配表

类别	元件	PLC 地址	功　能	类别	元件	PLC 地址	功　能
输入	SB0	X0	识别 1 元	输出	KM1	Y1	饼干控制电机及指示灯
	SB1	X1	识别 5 元		KM2	Y2	口香糖控制电机及指示灯
	SB2	X2	识别 10 元		KM3	Y3	雪碧控制电机及指示灯
	SB3	X3	识别 20 元		KM4	Y4	汉堡控制电机及指示灯
	SB4	X2	识别 50 元		KM5	Y5	红山茶控制电机及指示灯

类别	元件	PLC 地址	功　能	类别	元件	PLC 地址	功　能
输入	SB5	X3	识别 100 元	输出	KM6	Y6	黄山控制电机及指示灯
	SB11	X11	饼干按钮				
	SB12	X12	口香糖按钮				
	SB13	X13	雪碧按钮				
	SB14	X14	汉堡包按钮				
	SB15	X15	红山茶按钮				
	SB16	X16	黄山按钮				
	SB17	X17	退币按钮				

2. 问题分析

1) 计币系统

当有顾客买商品时，投入的钱币经过感应器，钱币数据存放在数据寄存器 D0 中，即当 X0 为 ON 时，D0 中的内容为 1，当 X1 为 ON 时，程序将 (D0)+5→(D0)，依次类推，投币程序如图 3.15 所示。

图 3.15　投币金额的梯形图

2) 比较系统

投入完毕后，系统会把 D0 内的钱币数据和可以购买的商品的价格进行区间比较，如果投入的钱币大于等于 1 元，饼干指示灯常亮；投入的钱币大于等于 2 元，口香糖指示灯常亮；即只要投入的钱币大于某商品的价格对应的指示灯就常亮。投币指示灯的选择，如图 3.16 所示。

3) 选择系统

(1) 选择投币的指示灯梯形图：电路完成后选择电路指示灯是一直亮的，当按下相应的商品时，相应的指示灯由常亮转为以 1s 为周期的闪烁。当商品供应完毕时，闪烁同时停止，如图 3.17 所示。

图 3.16 比较货币的多寡梯形图

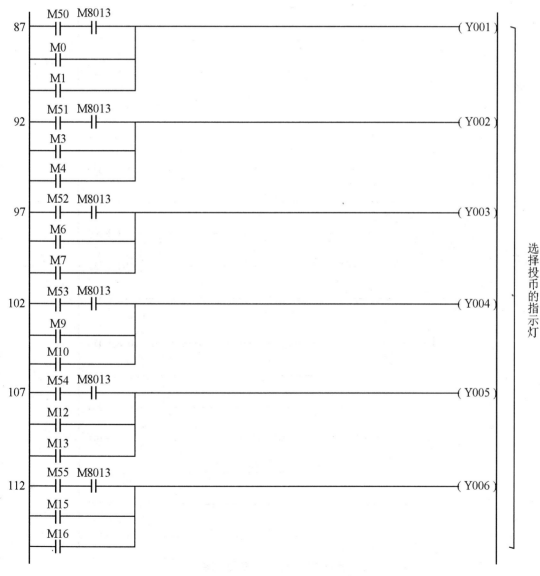

图 3.17 选择投币的指示灯梯形图

(2) 选择物品梯形图：当投币金额大于商品的价格时所有商品指示灯将全亮，选择相应的商品时总金额也相应减少，梯形图如图 3.18 所示。

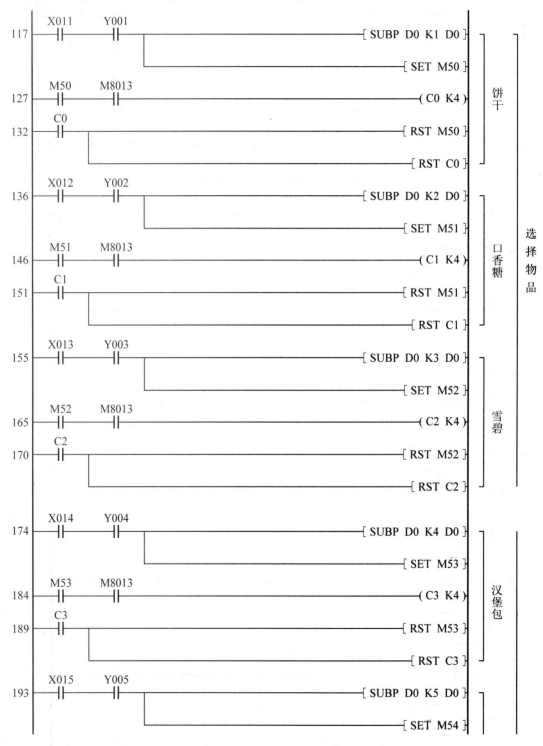

图 3.18　选择商品的梯形图

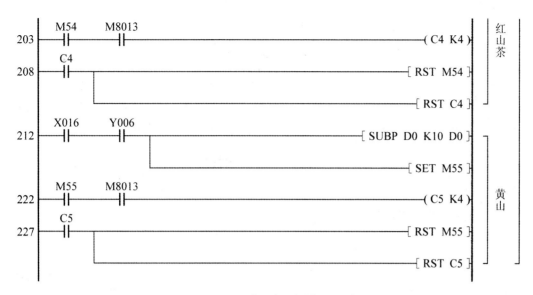

图 3.18　选择商品的梯形图(续)

4) 退币系统

当顾客购买完商品后，只要按下退币按钮，系统就会把数据寄存器 D0 内的数据与 50 比较，如大于 50 将先退 50 元，余数存放在 D0 内，再与 50 比较，直到 D0 内的数据小于 50，就与 20 比较，依此类推直至将钱币退完时，退币电机停止运转，梯形图如图 3.19 所示。

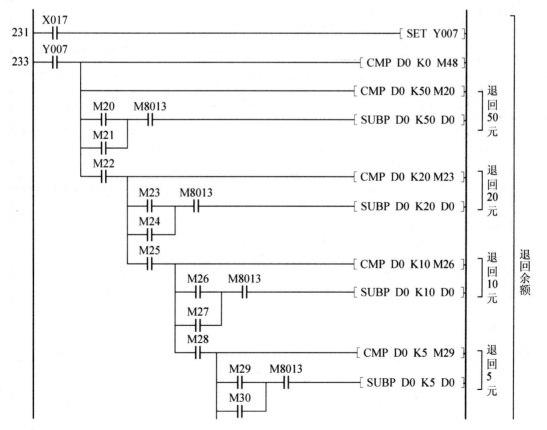

图 3.19　退币系统的梯形图

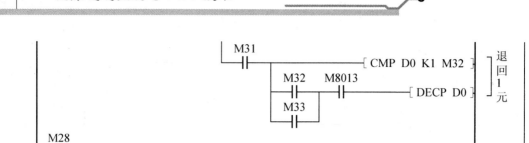

图 3.19　退币系统的梯形图(续)

二、调试程序

售货机的梯形图如图 3.20 所示。

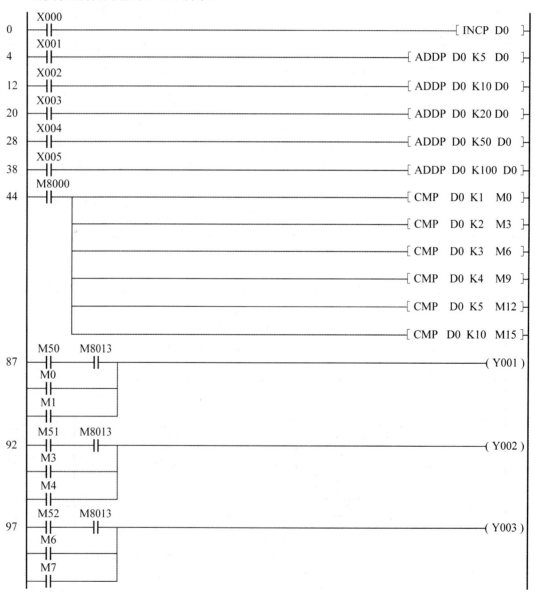

图 3.20　售货机梯形图

```
        M53    M8013
102    ─┤├──────┤├─────────────────────────────────────────────────────( Y004 )
        M9
       ─┤├─
        M10
       ─┤├─

        M54    M8013
107    ─┤├──────┤├─────────────────────────────────────────────────────( Y005 )
        M2
       ─┤├─
        M13
       ─┤├─

        M55    M8013
112    ─┤├──────┤├─────────────────────────────────────────────────────( Y006 )
        M15
       ─┤├─
        M16
       ─┤├─

        X011   Y001   X012   X013   X014   X015   X016
117    ─┤├─────┤├─────┤╱├────┤╱├────┤╱├────┤╱├────┤╱├────┤ SUBP D0 K1    D0    ┤├
                                                    └──────┤ SET M50           ┤├

        M50    M8013
132    ─┤├──────┤├───────────────────────────────────────────────( C0    K4        )
        C0
137    ─┤├────────────────────────────────────────────────────────┤ RST M50         ┤├
        └──────────────────────────────────────────────────────────┤ RST C0 ┤├

        X012   Y002   X011   X013   X014   X015   X016
141    ─┤├─────┤├─────┤╱├────┤╱├────┤╱├────┤╱├────┤╱├────┤ SUBP D0 K2    D0    ┤├
                                                    └──────┤ SET M51           ┤├

        M51    M8013
156    ─┤├──────┤├───────────────────────────────────────────────( C1    K4        )
        C1
161    ─┤├────────────────────────────────────────────────────────┤ RST M51         ┤├
        └──────────────────────────────────────────────────────────┤ RST C1 ┤├

        X013   Y003   X011   X012   X014   X015   X016
165    ─┤├─────┤├─────┤╱├────┤╱├────┤╱├────┤╱├────┤╱├────┤ SUBP D0 K3    D0    ┤├
                                                    └──────┤ SET M52           ┤├

        M52    M8013
180    ─┤├──────┤├───────────────────────────────────────────────( C2    K4        )
        C2
185    ─┤├────────────────────────────────────────────────────────┤ RST M52         ┤├
        └──────────────────────────────────────────────────────────┤ RST C2 ┤├

        X014   Y004   X011   X012   X013   X015   X016
189    ─┤├─────┤├─────┤╱├────┤╱├────┤╱├────┤╱├────┤╱├────┤ SUBP D0 K4    D0    ┤├
                                                    └──────┤ SET M53           ┤├

        M53    M8013
204    ─┤├──────┤├───────────────────────────────────────────────( C3    K4        )
        C3
209    ─┤├────────────────────────────────────────────────────────┤ RST M53         ┤├
        └──────────────────────────────────────────────────────────

        X015   Y005   X011   X012   X013   X014   X016
213    ─┤├─────┤├─────┤╱├────┤╱├────┤╱├────┤╱├────┤╱├────┤ SUBP D0 K5    D0    ┤├
                                                    └──────┤ SET M54           ┤├
```

图 3.20　售货机梯形图(续)

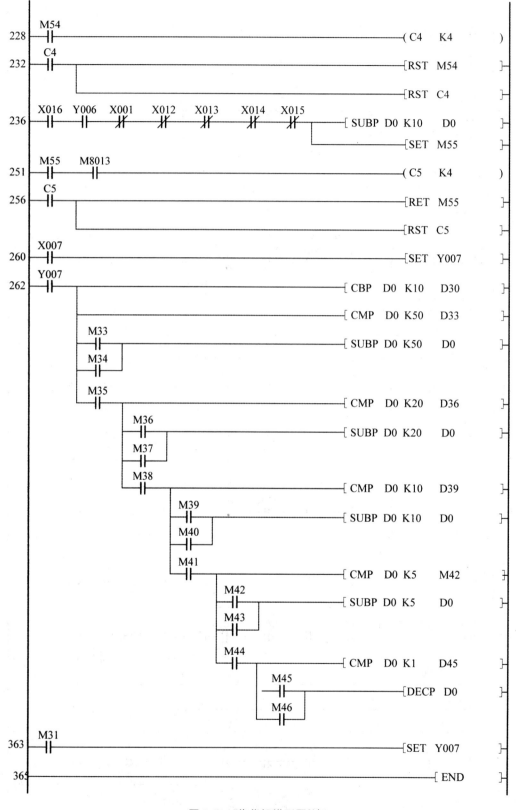

图 3.20　售货机梯形图(续)

 知识扩展

乘法指令与除法指令的使用

1. 乘法指令 MUL(D)、MUL(P)

乘法指令 MUL(D)、MUL(P)指令的编号为 FNC22，数据均为有符号数。

2. 除法 DIV(D)、DIV(P)指令

除法指令 DIV(D)、DIV(P)指令的编号为为 FNC23。

3. 注意事项

(1) 源操作数可取所有数据类型，目标操作数可取 KnY、KnM、KnS、T、C、D、V 和 Z，要注意 Z 只有 16 位乘法时能用，32 位时不可用。

(2) 16 位运算占 7 个程序步，32 位运算为 13 个程序步。

(3) 32 位乘法运算中，如用位元件作目标，则只能得到乘积的低 32 位，高 32 位将丢失，这种情况下应先将数据移入字元件再运算；除法运算中将位元件指定为[D.]，则无法得到余数，除数为 0 时发生运算错误。

任 务 小 结

该任务主要学习加 1 指令、减法指令，并要求掌握自动售货机控制系统的计币系统、比较系统、选择系统和退币系统。

习 题

一、选择题

1. 指令[CMP(P)K100 D0 M10]执行后的结果是( )。
    A. M10 ON   B. M11 ON   C. M12 ON   D. M13 ON113

2. IPM 与常规的 IGBT 相比，其特点是( )。
    A. 内含驱动电路   B. 内含过流、过热、欠压保护
    C. 内含制动电路   D. 内含报警输出   E. 散热效果好

3. 应用指令中操作数的表示方式有( )。
    A. 位元件   B. 字元件   C. Kn+位元件
    D. 常数 K、H   E. 指针 PI

4. CMP 比较指令的目标元件可以是( )。
    A. D   B. Y   C. M

D. X   E. S

5. INC(P)是( )指令。

A. 加 1   B. 减 1   C. 多点输入   D. 移位输出

二、判断题

1. 使用 IGBT 时在栅极和发射极同加一个稳压管的目的是为了防止短路时 IC 增加而烧毁。 ( )

2. GTO 驱动属于电流型。 ( )

3. 功能指令是由操作码与操作数两部分组成的。 ( )

4. 三菱 A540 系列变频器控制回路输入端子 JOG 信号为 ON 时，可选择点动运行，用启动信号(STF 和 STR)可以点动运行。( )

三、问答题

1. 用 PC 设计一个先输入优先电路。辅助继电器 M20～M203 分别接受 X0～X3 的输入信号(若 X0 有输入，M200 线圈接通，依次类推)。电路功能如下。

(1) 当未加复位信号(X4 无输入)时，这个电路仅接受最先输入的信号，而对以后的输入不予接收。

(2) 当有复位信号(X4 加一短脉冲信号)时，该电路复位，可重新接收新的输入信号。

2. 编程实现"通电"和"断电"均延时的继电器功能。具体要求是：若 X0 由断变通，延时 10s 后 Y1 得电，若 X0 由通变断，延时 5s 后 Y1 断电。

3. 用 PLC 控制一个篮球赛记分牌，如图 3.21 所示，甲乙双方的最大记分均为 199 分，各设一个 1 分按钮、2 分按钮、3 分按钮和一个减分按钮。

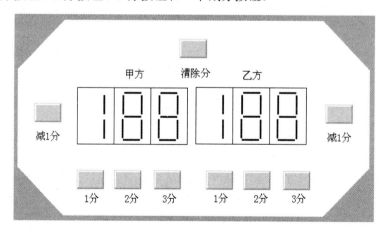

图 3.21 篮球赛记分牌

4. 用 PLC 实现密码锁的程序设计与连线，要求：①先按 SB1→5 次，再按 SB2→4 次。②按 SB3 密码锁打开，输出信号(KM1 吸合)；输入密码错误时，输出报警信号(KM2 吸合)。③SB4 为复位按钮。请：①画出梯形图；②写出指令表；③画出 I/O 接线图；④连接电路；⑤输入程序并运行。

5. 用 CMP 指令实现下面的功能：X0 为脉冲输入，当脉冲数大于 5 时，Y1 为 ON；反之，Y0 为 ON。设计其梯形图。

任务 3.3　两种液体自动混合控制

学习目标

(1) 掌握位左移指令 SFTL 的使用。
(2) 了解字右移和字左移指令的使用。

任务引入

在现今医药、食品、化工等行业中，多种液体混合是必不可少的工序，它也是生产过程中十分重要的组成部分。由于这些行业中所用到的材料多为易燃易爆、有毒有腐蚀性的介质，以致于现场工作环境十分恶劣，不适合人工现场操作；另外生产要求该系统要具有混合精确、控制可靠、工作效率高等特点，这也是人工操作和半自动化控制所难以实现的。因此，为了帮助相关行业特别是中小型企业改进液体混合工序，从而达到液体混合自动控制的目的，两种液体自动混合控制出现了。

两种液体自动混合控制如图 3.22 所示，初始时，容器是空的，Y1、Y2、Y3 电磁阀和 M 搅拌机均为 OFF，液面传感器 L1、L2、L3 为 OFF。当按下启动按钮时，操作开始。按下启动按钮，电磁阀 Y1 闭合，开始注入液体 A，按 L2 表示液体到了 L2 的高度，停止注入液体 A。同时电磁阀 Y2 闭合，注入液体 B，按 L1 表示液体到了 L1 的高度，停止注入液体 B，开启搅拌机 M，搅拌 10s，停止搅拌。同时 Y3 为 ON，开始放出液体至液体高度为 L3，再经 5s 停止放出液体，同时注入液体 A，开始循环。按停止按扭，所有操作都停止，需重新启动才能继续执行操作过程。

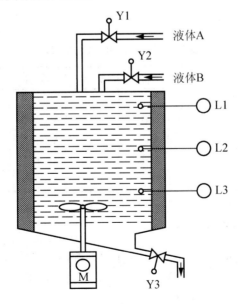

图 3.22　两种液体自动混合控制

相关知识

位左移指令 SFTL

位左移指令 SFTL 的编号为 FNC35。它的功能是使位元件中的状态成组地向左移动。n1 指定位元件的长度，n2 指定移位位数，n1 和 n2 的关系及范围因机型不同而有差异，一般为 $n2 \leq n1 \leq 1024$。左移指令使用如图 3.23 所示。

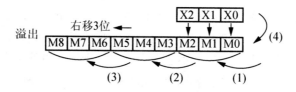

图 3.23　位左移指令的使用

使用位左移指令时应注意以下两点

(1) 源操作数可取 X、Y、M、S，目标操作数可取 Y、M、S。

(2) 只有 16 位操作，占 9 个程序步。

任务实施

一、程序设计

1. I/O 分配表

I/O 分配表见表 3-3。

表 3-3　任务 3.3 的 I/O 分配表

类别	元件	PLC 地址	功能	类别	元件	PLC 地址	功能
输入	SB0	X0	启动	输出	Y1	Y1	注入液体 A
	传感器 L1	X1	液面上限位		Y2	Y2	注入液体 B
	传感器 L2	X2	液体 A 限位		Y3	Y3	放出混合液
	传感器 L3	X3	液面下限位		M	Y4	搅拌机
	SB4	X4	停止				

2. 讲解位左移指令(SFTL)的练习

SFTL 命令有 4 个操作数。以 M0 开始的 1 位的源，向左移入以 Y0 开始的 8 位元件中去。当 X1 从 OFF→ON 时，移位一次(移位后，目标置位，而源复位)，即 Y1 常开闭合；当 X2 为 ON 时，Y2 常开闭合，如图 3.24 所示。

X001
0
M0
M0
3
SFTL M0 Y001 K8 K1
Y001
X002
Y002
X003
19
END

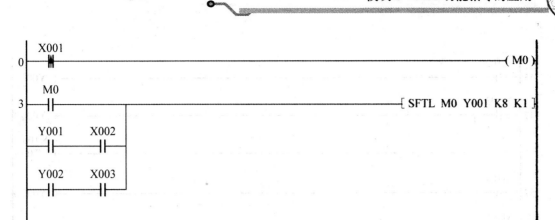

图 3.24 位左移指令的梯形图

二、调试程序

1. 梯形图

两种液体自动混合控制的梯形图如图 3.25 所示。

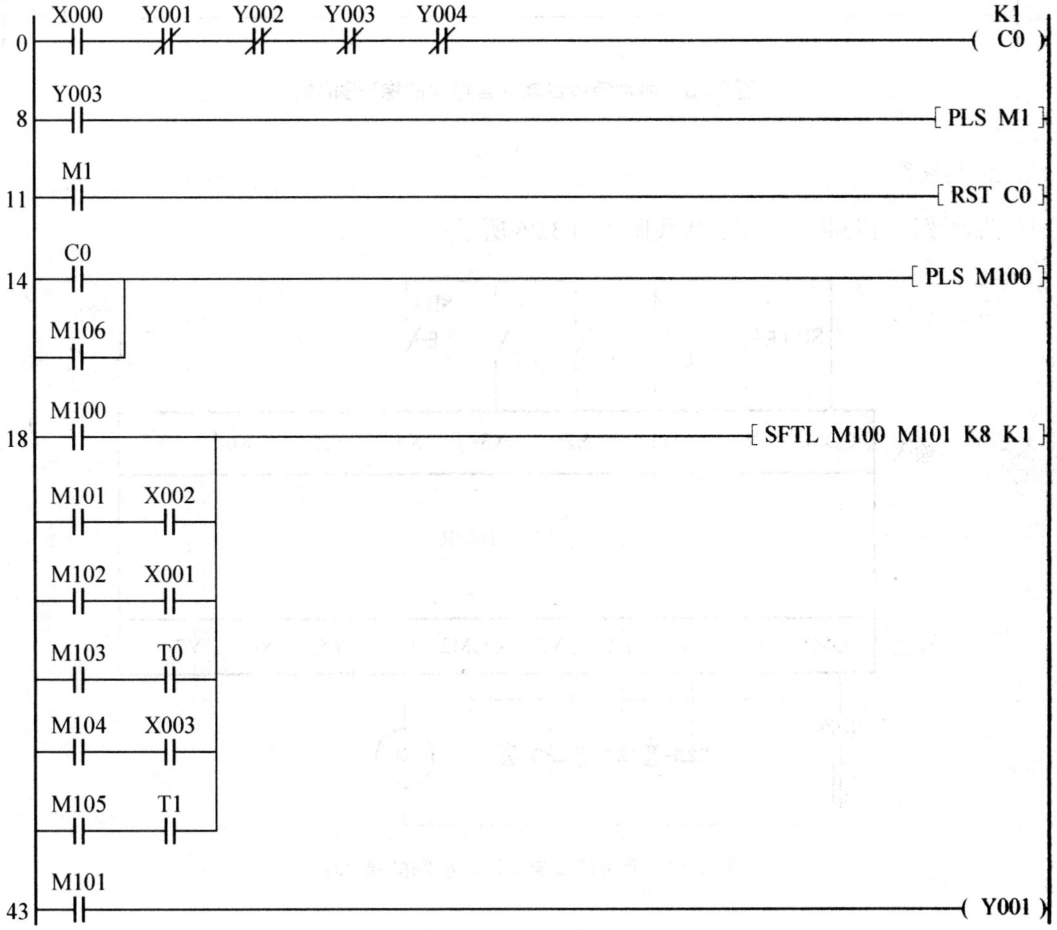

X000
Y001
Y002
Y003
Y004
K1
0
C0
Y003
8
PLS M1
M1
11
RST C0
C0
14
PLS M100
M106
M100
18
SFTL M100 M101 K8 K1
M101
X002
M102
X001
M103
T0
M104
X003
M105
T1
M101
43
Y001

图 3.25 两种液体自动混合控制的梯形图

图 3.25　两种液体自动混合控制的梯形图(续)

2. 接线图

两种液体自动混合控制的接线图如图 3.26 所示。

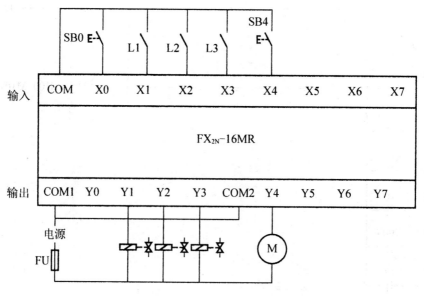

图 3.26　两种液体自动混合控制的接线图

知识扩展

字右移和字左移指令含义

字右移和字左移指令 WSFR(P)和 WSFL(P)指令编号分别为 FNC36 和 FNC37。字右移和字左移指令以字为单位，其工作的过程与位移位相似，是将 n1 个字右移或左移 n2 个字。

使用字右移和字左移指令时应注意：操作数可取 KnX、KnY、KnM、KnS、T、C 和 D，目标操作数可取 KnY、KnM、KnS、T、C 和 D。

任 务 小 结

　　本任务以两种液体混合为例，设计出以 PLC 为核心的液体混合自动控制系统。随着 PLC 技术的飞速发展，人们可以对原有液体混合装置进行 PLC 改造，提出数据采集、自动控制、运行监视、报警、运行管理等多方面要求。按照本设计组成的液体混合控制系统，采取了一系列可靠的设计方案，利用 PLC 实现了对混合过程的精确控制，提高了工作过程的稳定性和自动化程度，具有很高的可靠性与实用性，因此具有广阔的市场前景，适合于各种液体的混合调配。

习 题

一、选择题

1. 指令[FMOV　K0　D0　K10]执行后的结果是(　　　)。

    A. D0～D9 ON   B. D0～D9 均为 0   C. D0～D9 均为 1   D. D0～D9 不变

2. 跳步指针 P 的取值为(　　　)。

    A. P0～P127   B. P0～P63   C. P0～P64   D. P0～P128

3. 比较指令的目的操作数指定为 M0，则(　　　)被自动占有。

    A. M0～M3   B. M0   C. M0～M2   D. M0 与 M1

4. SMOV(13)是(　　　)指令。

    A. 子程序调用   B. 数据处理   C. 条件传送   D. 移位传送

5. FX 系列 PLC 在顺控编程中不能使用的指令是(　　　)。

    A. 触点指令   B. 线圈指令   C. 连接指令   D. MC/MCR

二、判断题

1. 梯形图是 PLC 常用的一种编程语言。   (　　)

2. 操作码又称为指令助记符，用来表示指令的功能，即告诉机器要做什么操作。

      (　　)

3. 异步通信是把一个字符看做一个独立的信息单元，字符开始出现在数据流的相对时间是任意的，每一个字符中的各位以固定的时间传送。   (　　)

4. 串行通信的链接方式有单工方式、全双工方式两种。   (　　)

三、问答题

1. 控制一台双速三相异步电动机可逆变极调速控制，控制主电路如图 3.27 所示。控制要求如下。

以正转启动为例，按下正转启动按钮，接触器 KM4、KM1 线圈得电，KM4、KM1 主触点闭合，电动机绕组接成正转三角形接线，低速启动。再按一次启动按钮，如果电动机低速启动时间小于 5s，则延时到 8s，接触器 KM4、KM2、KM3 线圈得电，电动机接成双星形接线，高速运行。如果电动机低速启动时间已经大于 5s，则电动机接成双星形接线立即高速运行。按下反转启动按钮，工作过程与正转启动类似。按下停止按钮，电动机停止。

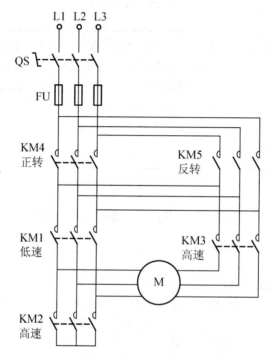

图 3.27 双速三相异步电动机可逆变极调速控制的主电路

2. 灯号变换(单一、连续或步进执行)，动作要求：PLC 外部输出灯号依下列模式变换。

(1) 单一执行：SW-X1 为 OFF\SW-X2 为 OFF。按下启动按键 X0 时，PLC 每隔 1s 依序执行以下灯号变换：Y0～Y17 中偶数号灯亮→Y0～Y17 中奇数号亮灯→Y0～Y7 中灯全亮→Y10～17 中的灯全亮，之后回到待机(初始)状态。

(2) 连续执行：SW-X1 为 ON。PLC 每隔 1s 依序重复执行上述灯号变换过程。

(3) 步进执行：SW-X1 为 ON。每按一下启动按键 X0，仅执行一次状态转移。假设 S20 为执行中状态，则按一下 X0，状态仅由 S20 变为 S21，再按一下 X0，状态由 S21 变为 S22，这种运转模式称为步进执行，适合机械组装完成后试车时使用。

3. 一台细分数为 400 的步进电动机，动作要求如下。

(1) 启动按钮 X0 为 ON 时，慢速运转一圈，停 2s 后，再快速运转 20 圈，运转中单击 X2 可加速，单击 X3 可减速。

(2) 正转 20 圈后，改为反转模式，同时停 2s，速率维持上一步骤的速率，反转半圈后停止，回到动作(1)的状态。

(3) 电动机运转中按下停止按钮，立即停止运转，回到动作(1)的状态。

4. 3 台电机相隔 5s 启动，各运行 10s 停止，循环往复。试使用传送比较指令完成梯形图程序设计。

5. 利用 PLC 实现流水灯控制。某灯光招牌有 24 个灯，要求按下启动按钮 X0 时，灯以正序、反序每 0.1s 间隔轮流点亮；按下停止按钮 X1 时，停止工作。

任务 3.4　彩灯控制程序设计

▶ 学习目标

(1) 掌握循环移位的使用。

(2) 掌握带进位的循环移位指令的使用。

▶ 任务引入

在现代生活中，彩灯作为一种装饰，既可以增强人们的感官愉悦，起到广告宣传的作用，又可以增添节日气氛，为人们的生活增添亮丽的色彩，用在舞台上可以增强晚会的灯光效果。彩灯控制程序设计具有可编程性强、线路简单、可靠性高等特点，提高了系统的灵活性及可扩展性。于是，人们开始追求整个系统设计的自动化，希望可以使人们从繁重的设计工作中彻底解脱出来。整个彩灯控制过程通过 PLC 自动完成，大大减轻可设计工作量，并提高了设计质量。

用 PLC 实现流水灯光控制，有 LED1～LED16 共 16 个灯，要求当 X0 为 ON 时，灯以每隔 1s 轮流点亮，当 Y17 点亮后停 2s；然后以逆序每隔 1s 轮流点亮，当 Y0 再亮时停 4s，重复上述过程。X1 为 ON 时，停止工作。

本任务用循环移位指令实现，若初始条件 X0 为 ON，则 Y0 外接的灯 LED1 点亮，其余各输出继电器均为 OFF，正序轮流点亮电路和反序轮流点亮电路，间隔 1s 由 M8013 控制。

▶ 相关知识

1. 循环移位指令

右、左循环移位指令 ROR(P)和(D)ROL(P)编号分别为 FNC30 和 FNC31。它的功能是一种环行移动，而非循环是线性的位移，执行这两条指令时，各位数据向右(或向左)循环移动 n 位，最后一次移出来的那一位同时存入进位标志 M8022 中，如图 3.28 所示。

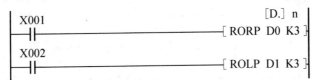

图 3.28　右、左循环移位指令的使用

2. 带进位的循环移位指令

带进位的循环右、左移位指令(D) RCR(P)和(D) RCL(P)编号分别为 FNC32 和 FNC33。执行这两条指令时,各位数据连同进位(M8022)向右(或向左)循环移动 n 位,如图 3.29 所示。

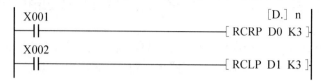

图 3.29　带进位的右、左循环移位指令的使用

任务实施

一、程序设计

1. I/O 分配表

I/O 地址分配表见表 3-4。

表 3-4　任务 3.4 的 I/O 分配

类 别	元 件	PLC 地址	功 能	类 别	元 件	PLC 地址	功 能
输入	SB0	X0	启动	输出	LED1-LED16	Y0-Y17	循环点亮
	SB1	X1	停止				

2. 问题分析

1) 对循环左移的练习(ROLP)

当 X0 为 ON 时,从 Y0 开始以每隔 1s 轮流输出,直到 Y17 输出后,再重新开始,梯形图如图 3.30 所示。

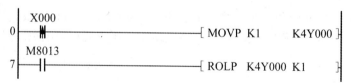

图 3.30　循环左移位的梯形图

2) 对循环右移的练习(RORP)

当 X0 为 ON 时,从 Y0 开始,当 M8013 为 ON 时,跳至 Y17 后以每隔 1s 轮流输出,直到 Y0 输出后,再重新开始。当 X1 为 ON 时,输出立刻停止,梯形图如图 3.31 所示。

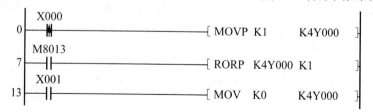

图 3.31　循环右移位的梯形图

二、调试程序

1. 梯形图

彩灯控制的梯形图如图 3.32 所示。

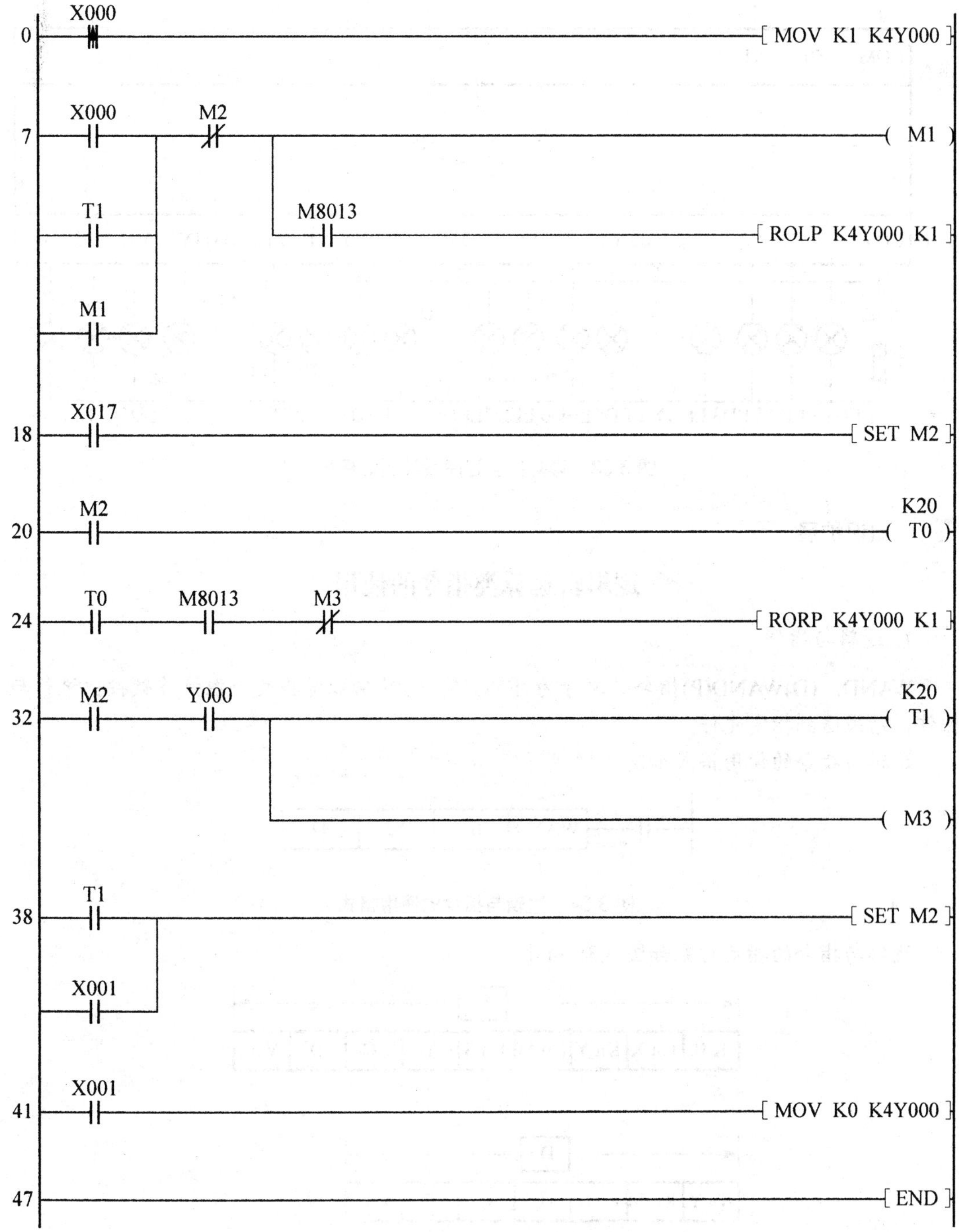

```
        X000
0       ─┤↑├──────────────────────────────────────────[ MOV  K1  K4Y000 ]

        X000        M2
7       ─┤├──────────┤/├─────────────────────────────────────────( M1 )
         │
        T1                    M8013
        ─┤├──────┬──────────────┤├───────────────────[ ROLP  K4Y000  K1 ]
         │       │
        M1       │
        ─┤├──────┘

        X017
18      ─┤├─────────────────────────────────────────────────[ SET  M2 ]

        M2                                                          K20
20      ─┤├──────────────────────────────────────────────────────( T0 )

        T0        M8013        M3
24      ─┤├─────────┤├──────────┤/├──────────────────────[ RORP  K4Y000  K1 ]

        M2        Y000                                              K20
32      ─┤├─────────┤├──────┬───────────────────────────────────( T1 )
                            │
                            └───────────────────────────────────( M3 )

        T1
38      ─┤├──────┬────────────────────────────────────────────[ SET  M2 ]
         │       │
        X001     │
        ─┤├──────┘

        X001
41      ─┤├──────────────────────────────────────────[ MOV  K0  K4Y000 ]

47      ────────────────────────────────────────────────────────[ END ]
```

图 3.32 彩灯控制的梯形图

2. 接线图

彩灯控制程序设计图的接线如图 3.33 所示。

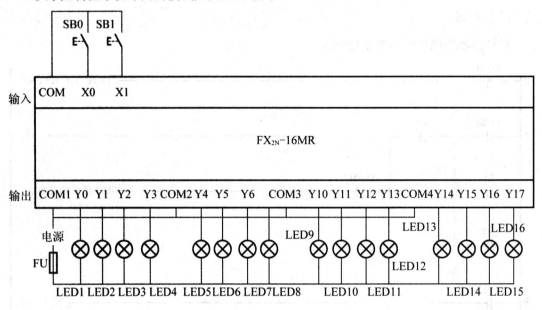

图 3.33　彩灯控制程序设计图的接线

 知识扩展

逻辑辑运算类指令的使用

1. 逻辑与指令

WAND: (D)WAND(P)指令的编号为 FNC26。它的功能是将两个源操作数按位进行与操作，结果送到指定元件。

逻辑与指令的使用格式如图 3.34 所示。

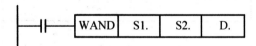

图 3.34　逻辑与指令的使用格式

逻辑与指令的指定对象如图 3.35 所示。

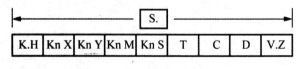

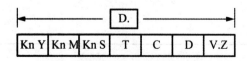

图 3.35　逻辑与指令的指定对象

逻辑与指令的使用范例如图 3.36 所示。

图 3.36　逻辑与指令的使用范例

当 X0 为 ON 时，D0 与 D1 的内容用二进制方式作逻辑与运算，运算结果存放在 D2 的缓冲区。

2. 逻辑或指令 WOR

(D) WOR (P)指令的编号为 FNC27。它的功能是对两个源操作数按位进行或运算，结果送到指定元件。

3. 逻辑异或指令 WXOR

(D) WXOR (P)指令的编号为 FNC28。它的功能是对源操作数位进行逻辑异或运算。

4. 求补指令 NEG

(D) NEG (P)指令的编号为 FNC29。当 FNC29 执行后，[D.]的数据位全部取反然后加 1，将其结果再存入到原来的元件中。

求补指令的指令格式如图 3.37 所示。

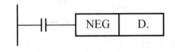

图 3.37　求补指令的格式

求补指令的指定范围如图 3.38 所示。

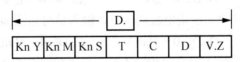

图 3.38　求补指令的指定范围

求补指令的使用范例如图 3.39 所示。

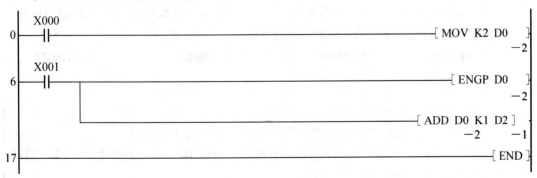

图 3.39　求补指令的使用范例

当 X0 为 ON 时，D0 中的内容为 2，当 X0 为 OFF 时，D0 的值不变，当 X1 为 ON 时，经过运算后，D0 的值为一2，当执行加法指令后 D2 中的值为一1。

使用逻辑运算指令时应该注意以下几点。

(1) WAND、WOR 和 WXOR 指令的[S1.]和[S2.]均可取所有的数据类型，而目标操作数可取 KnY、KnM、KnS、T、C、D、V 和 Z。

(2) NEG 指令只有目标操作数，其可取 KnY、KnM、KnS、T、C、D、V 和 Z。

(3) WAND、WOR、WXOR 指令 16 位运算占 7 个程序步，32 位为 13 个程序步，而 NEG 分别占 3 步和 5 步。

任 务 小 结

随着科学技术日新月异的发展，PLC 技术已经成为了人们生活中的一部分，甚至可以说是无处不在。本项目基于 PLC 的彩灯智能控制系统的设计，学习了移位指令，并学习了外部接线图。

习 题

一、选择题

1. FX$_{2N}$～2AD 模拟量输入模块电压输入时，输入信号范围为(　　　)。

　 A. DC 0～24V　　　　B. DC 0～5V　　　　C. DC 0～12V　　　　D. AC 0～10V

2. FX$_{2N}$～2AD 模拟量输入模块电流输入时，输入信号范围为(　　　)。

　 A. DC 4～20mA　　　B. DC 0～20mA　　　C. DC 4～10mA　　　D. AC 0～20mA

3. FX$_{2N}$～4A D 模拟量输入模块电压输入时，输入信号范围为(　　　)。

　 A. DC 0～24V　　　　B. DC 0～5V　　　　C. DC -10～10V　　　D. DC -10～0V

4. ALT(66)是(　　　)指令。

　 A. 交替输出　　　　B. 交替输入　　　　C. 高速计数复位　　　D. 速度检测

5. PLC 运行后在算术运算中运算结果为零时，(　　　)接通。

　 A. M8020　　　　　　B. M8021　　　　　　C. M8022　　　　　　D. M8023

二、判断题

1. 变频器的调制比 m 是一个大于 1 的数。　　　　　　　　　　　　　　　(　　)

2. MOV 指令的目标元件可以为除常数和输入元件外的所有元件。　　　　　(　　)

3. 三菱 FX1N 系列 PLC 具有丰富的元件资源，包括 1536 点辅助继电器，256 点计时器，235 点计数器和 8000 点数据寄存器。　　　　　　　　　　　　　　　　　(　　)

4. PLC 使用的十进制常数用 K 表示。　　　　　　　　　　　　　　　　　(　　)

三、问答题

1. 用程序构成 1 个闪光信号灯，通过数字拨码开关可改变闪光频率(即信号灯亮 ts，熄 ts)。

2. 用计量传送物质，分别将每一数据存入 D1～D100(D0 间接指定)。将计量器称得的值(十进制数)放在 D110 中，要求每次称得的值要在显示器(K4Y0)中显示。试设计对传送带传送制品进行计量的梯形图。

3. 用功能指令设计一个数码管循环点亮的控制系统，其控制要求如下。

(1) 手动时，每按一次按钮数码管显示数值加 1，由 0～9 依次点亮，并实现循环。

(2) 自动时，每隔一次数码管显示数值加 1，由 0～9 依次点亮，并实现循环。

4. 用 PLC 控制一个电铃，要求除了星期六、星期日以外，每天早上 7：10 电铃响 10s，按下复位按钮，电铃停止。如果不按下复位按钮，每隔 1min 再响 10s 进行提醒，共响 3 次结束。

5. 对 PLC 中的时钟进行整点时报，要求几点钟响几次，每秒钟一次。为了不影响晚间休息，只在早晨 6 时到晚上 21 时之间报时。

任务 3.5　停车场控制程序设计

学习目标

(1) 掌握七段译码指令 SEGD(P)指令的使用。

(2) 掌握 BCD 变换指令 BCD 的使用。

(3) 了解 LD〈触点比较指令的使用。

任务引入

随着我国轿车数量的迅速增加，停车难题越来越成为人们关注的问题。自动停车控制系统，以节省人力为显著特点，成为解决自动停车问题的重要方法之一。设某停车场最多可停 60 辆车，用两位数码管显示停车数量，用出入传感器检测进出车辆数，每进一辆车停车数量增 1，每出一辆车减 1。场内停车数量小于 55 时，入口处绿灯亮，允许入场；等于和大于 55 时，绿灯闪烁，提醒待进车辆注意将满场；等于 60 时，红灯亮，禁止车辆入内。初始状态车场数为 0，当车辆进出库时要实现自动计数，并将其通过数码显示屏显示，当车辆数小于 55 时，绿灯亮，当车辆数为 55(包含 55)到 60 之间时绿灯闪，当车辆数大于 60 时红灯报警。设计控制电路和 PLC 程序。

相关知识

1. 七段译码指令 SEGD(P)

七段译码指令 SEGD(P)　如图 3.40 所示，将[S.]指定元件的低 4 位所确定的十六进制数(0～F)经译码后存于[D.]指定的元件中，以驱动七段显示器，[D.]的高 8 位保持不变。如果要显示 0，则应在 D0 中放入的数据为 3FH。

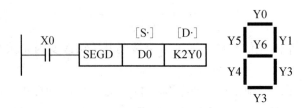

图 3.40 七段译码指令的使用

(1) 七段码的指定对象如图 3.41 所示。

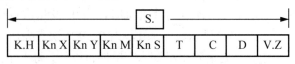

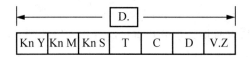

图 3.41 七段码的指定对象

(2) 七段码的使用范例如图 3.42 所示。

图 3.42 七段码的使用范例

当 X0 为 ON 时，将 0 存放在 D1 中，然后将 D1 译码，从 Y0～Y7 中显示出。PLC 输出为 Y0～Y5。

(3) 七段码的显示对照表见表 3-5。

表 3-5 七段码的显示对照表

16 进制	4Bit	七段灯	Y6	Y5	Y4	Y3	Y2	Y1	Y0	显示值
0	0000		0	1	1	1	1	1	1	0
1	0001		0	0	0	0	1	1	0	1
2	0010		1	0	1	1	0	1	1	2
3	0011		1	0	0	1	1	1	1	3
4	0100		1	1	0	0	1	1	0	4
5	0101		1	1	0	1	1	0	1	5
6	0110		1	1	1	1	1	0	1	6

续表

16 进制	4Bit	七段灯	Y6	Y5	Y4	Y3	Y2	Y1	Y0	显示值
7	0111		0	1	0	0	1	1	1	
8	1000		1	1	1	1	1	1	1	
9	1001		1	1	0	1	1	1	1	
A	1010		1	1	1	0	1	1	1	
B	1011		1	1	1	1	1	0	0	
C	1100		0	1	1	1	0	0	1	
D	1101		1	0	1	1	1	1	0	
E	1110		1	1	1	1	0	0	1	
F	1111		1	1	1	0	0	0	1	

2. BCD 变换指令 BCD

(D)BCD(P)指令的 ALCE 编号为 FNC18。它的功能是将源元件中的二进制数转换成 BCD 码送到目标元件中，如图 3.43 所示。

图 3.43　BCD 变换指令的使用范例

如果指令进行 16 位操作时，执行结果超出 0～9999 范围将会出错；当指令进行 32 位操作时，执行结果超过 0～99 999 999 范围也将出错。PLC 中内部的运算为二进制运算，可用 BCD 指令将二进制数变换为 BCD 码输出到七段显示器。

3. LD〈触点比较指令

LD〈触点比较指令的 ALC3 编号为 FNC226。它的功能是将[S1]里的内容与[S2]里的内容进行比较。

(1) 触点比较指令的指定格式如图 3.44。

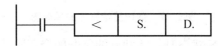

图 3.44　触点比较指令的指定格式

(2) 触点比较指令的使用范例如图 3.45 所示。

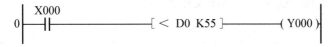

图 3.45　触点比较指令的使用范例

当 X0 为 NO 时，如果 D0 中的内容小于 55，Y0 为 ON。

任务实施

一、程序设计

1. I/O 分配表

I/O 分配表见表 3-6。

表 3-6　任务 3.5 的 I/O 分配表

类　别	元　件	PLC 地址	功　能	类　别	元　件	PLC 地址	功　能
输入	传感器 IN	X0	检测进库车辆	输出	数码管	Y0～Y6	个位显示
	传感器 OUT	X1	检测出库车辆		数码管	Y10～Y16	十位显示
					绿灯	Y20	允许信号
					红灯	Y21	禁止信号

2. 问题分析

(1) 车辆进出库计数程序的梯形图如图 3.46 所示。

图 3.46　车辆进出库计数程序的梯形图

分析：当有车辆进入时，入库传感器驱动 X0 产生一个脉冲使 D0 的内容加 1，依次类推。当有车辆驶出车库时，出库传感器驱动 X1 产生一个脉冲使 D0 的内容减 1。

(2) 数码显示程序的梯形图如图 3.47 所示。

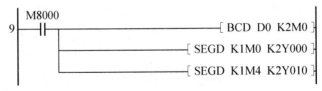

图 3.47　数码显示程序的梯形图

分析：当 PLC 处于 RUN 状态时，M8000 的常开闭合，通过 BCD 指令将 D0 中的内容转换为 8 位 BCD 码存放在 M0～M7 寄存器中，并分别由七段显示码送给 Y0～Y7、Y10～Y16。

(3) 指示灯状况程序的梯形图如图 3.48 所示。

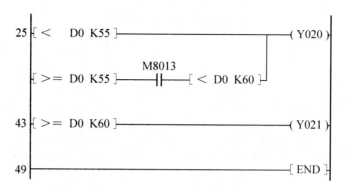

图 3.48　指示灯状况程序的梯形图

分析：当车库内车辆数小于 55 时，指令"<D0 K55"有效，即有 Y20 输出；当车辆数为 55~59 时，指令">= D0 K55"、"<D0 K60"有效，此时 Y20 闪烁；当车辆数大于等于 60 时，指令">= D0 K60"有效，即 Y21 有输出。

二、输入程序

1. 梯形图

停车场程序梯形图如图 3.49 所示。

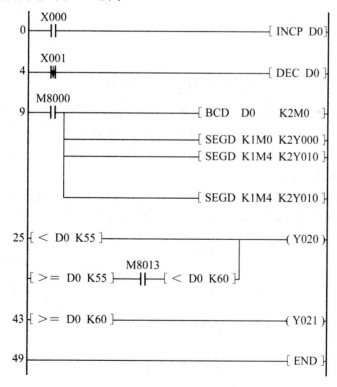

图 3.49　停车场程序的梯形图

2. 接线图

停车场接线图如图 3.50 所示。

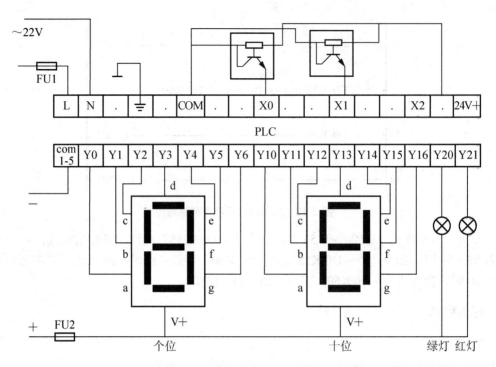

图 3.50　停车场 PLC 的接线图

 **知识扩展**

变换令 BIN(D)、BIN(P)

变换指令：BIN(D)、BIN(P)指令的编号为 FNC19。它的功能是将源元件中的 BCD 数据转换成二进制数据送到目标元件中，如图 3.51 所示。常数 K 不能作为本指令的操作元件，因为在任何处理之前它们都会被转换成二进制数。

使用变换指令应注意以下几点。

(1) 源操作数可取 KnK、KnY、KnM、KnS、T、C、D、V 和 Z。

(2) 目标操作数可取 KnY、KnM、KnS、T、C、D、V 和 Z。

(3) 16 位运算占 5 个程序步，32 位运算占 9 个程序步。

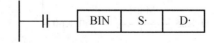

图 3.51　变换指令 BIN 的使用格式

任 务 小 结

本项目通过停车场控制系统的学习，复习加 1、减 1 指令；要求同学们掌握数码显示指令的使用及停车场控制电路的硬件设计。

习　　题

一、选择题

1. 当计数器 C10 的当前值为 200 且 X0 为 ON 时，Y10 驱动的触点比较指令是(　　)。

A. ┤├ LD= K200 C10 ┤X0├ (Y10)

B. ┤├ LD> K200 C10 ┤X0├ (Y10)

C. ┤├ LD< K200 C10 ┤X0├ (Y10)

D. ┤├ LD<> K200 C10 X0 (Y10)

2. FX 系列应用指令中一个数与两个数区间的比较的助记符是(　　)。

A. CMP　　　　　　　B. ZCP　　　　　　　C. HSCS　　　　　　D. HSZ

3. FX 系列 PLC 指令[RS　D200　D0　D500　D1] 中，其中的 D0 为(　　)。

A. 发送数据地址　　　B. 接收数据地址　　　C. 发送点数　　　D. 接收点数

4. FX_{2N}-4AD-PT 特殊模块，可以读取华氏度，分辨率是(　　)。

A. 0.15～0.26 华氏度　　　　　　　　B. 0.25～0.36 华氏度

C. 0.36～0.45 华氏度　　　　　　　　D. 0.36～0.54 华氏度

5. 当条件满足时只执行一次(即脉冲执行)将 D10 的内容传送到 D12 中的应用指令表达式是(　　)。

A. MOV　　D10　　D12　　　　　　　B. DMOV　　D10　　　D12

C. PMOV　　D10　　D12　　　　　　　D. DMOVP　　D10　　　D12

6. FX_{2N}-4AD-PT 模拟特殊模块的华氏度数字输出为(　　)。

A. 0～6000　　　　　　　　　　　　B. −1320～11120

C. −1480～6000　　　　　　　　　　D. −1480～11120

二、判断题

1. 任何数据通信的开始都是计算机发出请求，没有计算机的请求变频器将不能返回任何数据。　　　　　　　　　　　　　　　　　　　　　　　　　　　　　　(　　)

2. 使用 HPP 手持式编程器，清除程序时，必须在 W 状态。　　　　　　(　　)

3. PLC 的输入模块是接收经 CPU 处理过的数字信号。　　　　　　　　(　　)

4. 脉冲执行指令，条件满足(OFF 到 ON 变化)时执行一次。　　　　　　(　　)

三、问答题

1. 试用 DECO 指令实现某喷水池花式喷水控制。要求为：第一组喷嘴 4s→第二组喷嘴 3s→两组喷嘴 2s→均停 1s，重复上述过程。

2. 某台设备有 8 台电动机，为了减小电动机同时启动电源的影响，利用位移指令实现间隔 10s 的顺序通电控制。按下停止按钮时，同时停止工作。

3. 用 PLC 控制两台三相异步电动机定时顺序运转和计数停止。要求：①启动为 SB1、停止为 SB2；②按下 SB1 时，M1 连续运转 8s；当 M1 运转 4.5s 时，M2 开始连续运转 7s，M2 运转时到，M1 又启动；③交替循环 3 次后自动停车。请：①画出梯形图；②写出指令表；③画出 I/O 接线图；④连接电路；⑤输入程序并运行。

4. 如图 3.52 所示的传送带输送大、中、小 3 种规格的工件，用链接 X0、X1、X2 端子的光电传感器判别工件规格，然后启动分别链接 Y0、Y1、Y2 端子的相应操作机构；链接 X3 的光电传感器用于复位操作机构。试编写工件规格判别程序(X002 、X001、X000 分别为小、中、大光电传感器)。

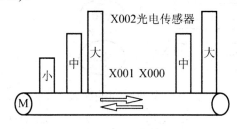

图 3.52　传送带工作台

5. 以 SFTL 指令设计一个每日定时开关机的程序，动作要求为每日 8:00AM 开机，12:00PM 关机，5:30PM 关机。

任务 3.6　四层电梯控制系统设计

↘ 学习目标

(1) 掌握编码指令 ENCO、ENCO(P)指令的使用。
(2) 掌握四层电梯控制系统的设计方法。

↘ 任务引入

电梯是随着高层建筑的兴建而发展起来的一种垂直运输工具。多层厂房和多层仓库需要有货梯，高层住宅需要有住宅梯，百货大楼和宾馆需要有客梯、自动扶梯。PLC 控制具有控制系统体积小、节能、可靠性高的优点，尤其是对群控、通信等复杂电梯控制功能更具优越性。PLC 控制采用易学易懂的应用指令，具有控制灵活方便、抗干扰能力强、运行稳定可靠等特点。因此对于一个小型的智能电梯，利用 PLC 对其进行控制是一个最佳选择。按以下要求设计程序。

(1) 四层电梯模拟控制系统控制要求如下。
① 电梯在上升过程中，所经过的楼层有上楼呼叫时，停下开门，否则不动作。
② 电梯在下降过程中，所经过的楼层有下楼呼叫时，停下开门，否则不动作。
(2) 电梯内呼请求：根据轿厢内控制面板上的请求，电梯将乘客送到相应的层。
(3) 电梯每层行走时间小于 10s，否则停梯并报警，通知维护人员来解困。

(4) 电梯开、关门时间小于 3s。

(5) 开门等待乘客上梯，5s 后自动关门。

(6) 开门 5s 内若乘客按关门钮，则电梯关门。

(7) 电梯能显示哪层的请求。

(8) 各种请求按钮均为自复位式的。

相关知识

编码指令 ENCO、ENCO(P)指令的编号为 FNC42。如图 3.53 所示，当 X1 有效时执行编码指令，将[S.]中最高位的 1(M0)所在位数(4)放入目标元件 D0 中，即把 0110 放入 D0 的低 3 位。

图 3.53　编码指令的使用

使用编码指令时应注意以下几点。

(1) 源操作数是字元件时，可以是 T、C、D、V 和 Z；源操作数是位元件时，可以是 X、Y、M 和 S。目标元件可取 T、C、D、V 和 Z。编码指令为 16 位指令，占 7 个程序步。

(2) 操作数为字元件时应使用 n≤4，为位元件时则 n=1～8，n=0 时不作处理。

(3) 若指定源操作数中有多个 1，则只有最高位的 1 有效。

任务实施

一、PLC 程序设计

1. I/O 分配表

按四层电梯的控制要求，电梯呼梯按钮一层为 1AS，二层上呼按钮 2AS 和二层下呼按钮 2AX，三层下呼按钮 3AX，限位开关有 SQ1～SQ8，停止行程开关分别为 1LS、2LS、3LS，每层设有上、下行的运行指示和呼梯指示及相关传感器；PLC 的输出有 L1～L3 的指示灯，SL1～SL3 的电梯上升指示灯，XL1～XL3 的电梯下降指示灯，七段数码管的每一段分别到 PLC 的输出端子。

该控制系统共需开关量输入 17 个点、开关量输出 16 个点。PLC 选用 FX$_{2N}$-48MR 型，I/O 分配见表 3-7。

表 3-7　四层电梯控制系统的 I/O 分配表

类　别	元　件	PLC 地址	功　能	类　别	元　件	PLC 地址	功　能
输入	1AS	X0	一层上呼按钮	输出	L1	Y1	上行指示灯
	2AS	X1	二层上呼按钮		L2	Y2	下行指示灯
	2AX	X2	二层下呼按钮		STF	Y3	上升
	3AX	X3	三层上呼按钮		STR	Y4	下降
	3AS	X4	三层下呼按钮		KM1	Y5	开门
	4AX	X6	四层下呼按钮		KM2	Y6	关门

续表

类 别	元 件	PLC 地址	功 能	类 别	元 件	PLC 地址	功 能
输入	SQ1	X11	一层限位开关	输出	HA	Y7	报警器
	SQ4	X14	四层限位开关		七段数码管	Y20～Y26	数码显示
	SB0	X20	启动				
	SB1	X21	内选一层				
	SB2	X22	内选二层				
	SB3	X23	内选三层				
	SB4	X24	内选四层				
	SQ5	X25					
	SQ6	X26					
	SA	X27	启动				

2. 程序设计

1) 1～4 层外呼请求

一层上呼 PLC 程序设计，当 PLC 处于 RUN 且电梯不在一层时，当 X0 为 ON 时，M1 得电自锁；同样方法，X1、X3 分别为二、三层上呼，X2、X4、X6 分别为二、三、四层下呼，程序的梯形图如图 3.54 所示。

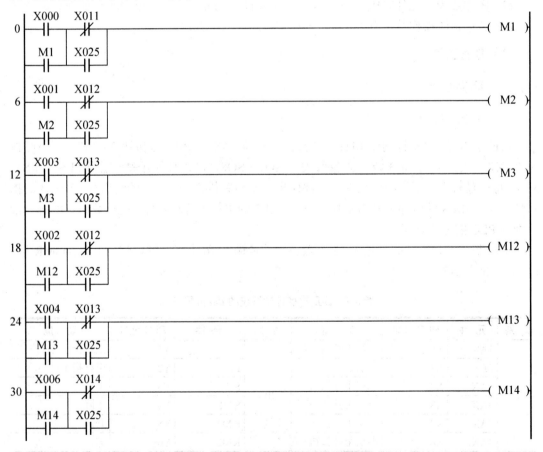

图 3.54　1～4 层外呼请求的梯形图

2) 1～4层内选

当电梯不在一层时，按下要去一层的按钮后，X21 为 ON，辅助继电器 M21 得电自锁，同样的方法 X22、X23、X24 分别为二、三、四层的内 PLC 输入点，程序的梯形图如图 3.55 所示。

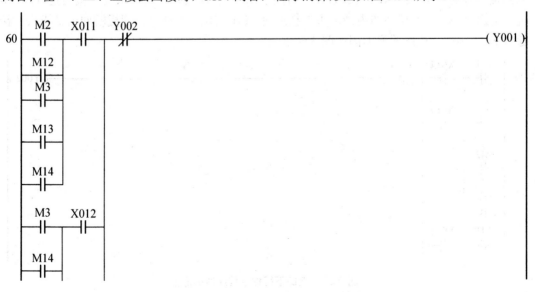

图 3.55　电梯内选程序的梯形图

3) 电梯上行指示

电梯在一层时，M2、M3 分别为二、三层上呼，M12、M13、M14 分别为二、三、四层请求下呼；电梯在二层时，M13 为三层上呼，M14、M15 分别为三、四层下呼；电梯在三层时，四层请求下楼，M14 闭合；在一层去二楼时 M22 闭合；在一、二楼去三楼时 M23 闭合；在一、二、三楼去四楼时，M14 闭合，程序的梯形图如图 3.56 所示。

图 3.56　电梯上行指示程序的梯形图

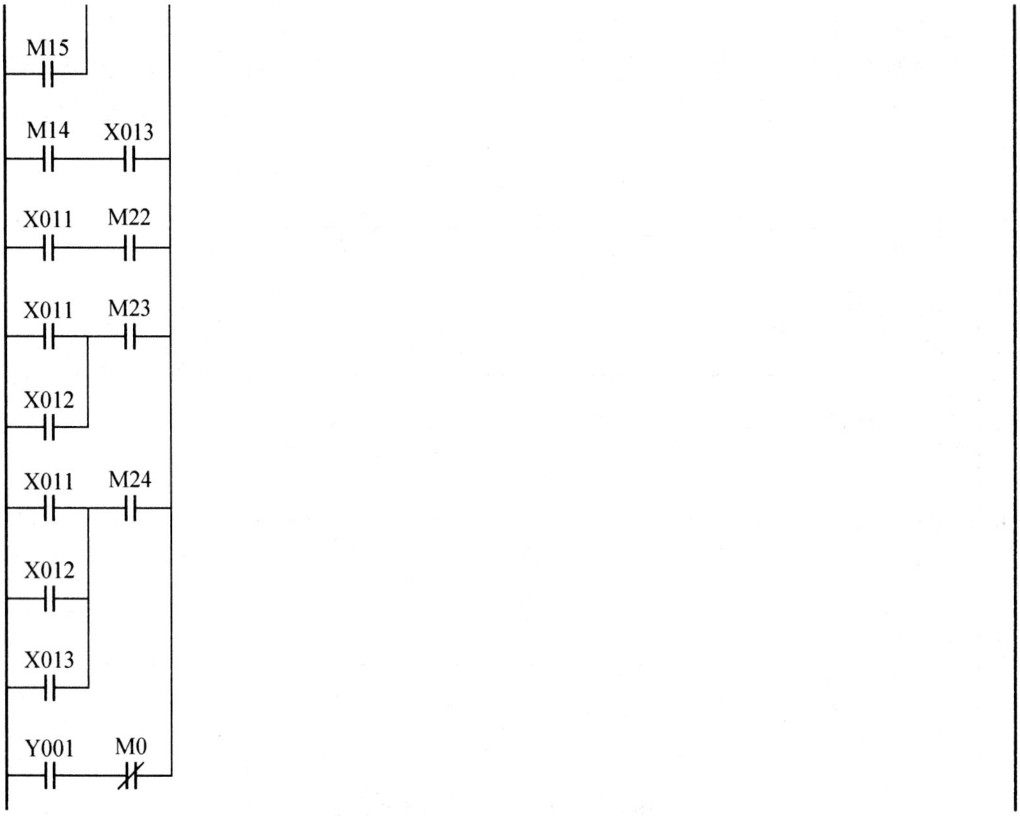

图 3.56　电梯上行指示程序的梯形图(续)

4) 电梯下行指示

电梯在二楼时，一楼上呼通过 M1 实现；电梯在三楼时，一、二楼上呼(通过 M1、M2 实现)、三楼下呼通过 M3 实现；电梯在四楼时，一、二、三楼上呼通过 M、M2、M3 实现，三四楼下呼通过 M12、M14 实现；电梯停在二、三、四楼轿厢内请求去一楼通过 M31 实现；电梯停在三、四楼轿厢内请求去二楼通过 M31 实现；电梯停在四楼轿厢内请求去三楼通过 M33 实现，程序的梯形图如图 3.57 所示。

图 3.57　电梯下行指示程序的梯形图

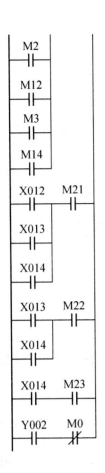

图 3.57　电梯下行指示程序的梯形图(续)

5) 电梯到站程序

电梯到站程序分别从外选 1~4 层与内 1~4 层进行设计,程序的梯形图如图 3.58 所示。

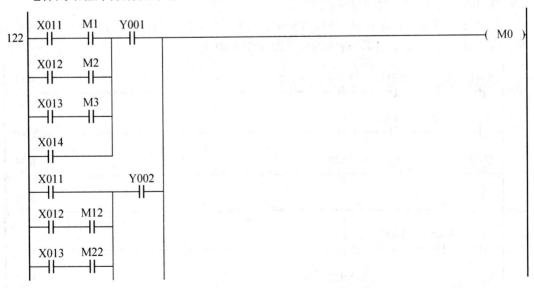

图 3.58　电梯到站停止程序的梯形图

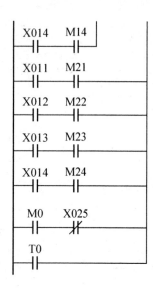

图 3.58　电梯到站停止程序的梯形图(续)

6) 电梯上、下行程序

当启动开关处于 ON 状态时，上行指示 Y0 有输出时，电梯上行；当下行指示 Y2 有输出时，电梯下行；程序的梯形图如图 3.59 所示。

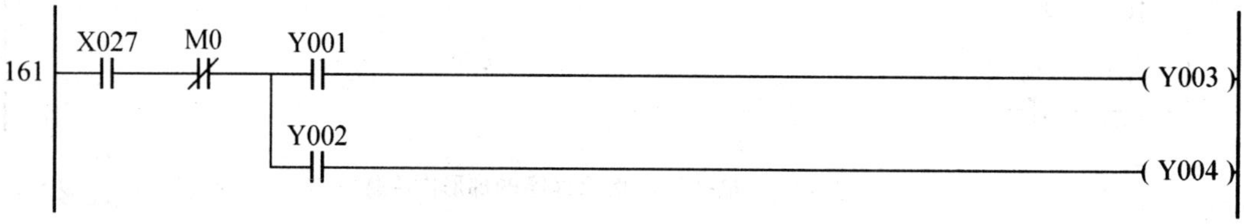

图 3.59　电梯上、下行程序的梯形图

7) 电梯开、关门及数码显示程序

T0 用于电梯每层行走计时，T1、T3 分别用于电梯的开关门计时，T2 用于开门等待乘客上梯计时，5s 后自动关门，程序的梯形图如图 3.60 所示。

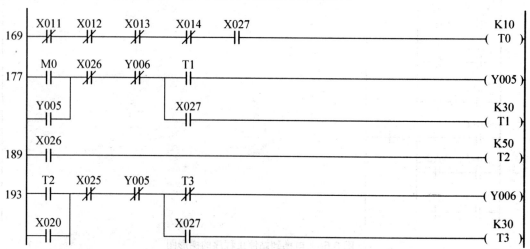

图 3.60　电梯开、关门及数码显示程序的梯形图

图 3.60　电梯开、关门及数码显示程序的梯形图(续)

二、变频器的相关内容

1. 变频器面板图的操作图

该变频器选用三菱，如图 3.61 所示。

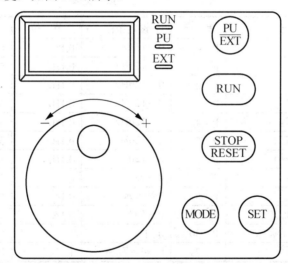

图 3.61　变频器面板图的操作图

2. 操作面板功能含义

操作面板功能含义见表 3-8。

表 3-8　操作面板功能含义

显示/按钮	功　能	备　注
RUN 显示	状运行时点亮/闪灭	点亮：正在运行中 慢闪灭(1.4s/次)：反转运行中 快闪灭(0.2s/次)：非运行中
PU 显示	PU 操作模式时点亮	计算机连接运行模式时，为慢闪亮

续表

显示/按钮	功 能	备 注
监视用 3 位 LED	表示频率，参数序号等	
EXT 显示	外部操作模式时点亮	计算机连接运行模式时，为慢闪亮
设定用按钮	变更频率设定、参数的设定值	不能取下
PU/EXT 键	切换 PU/外部操作模式	PU：PU 操作模式 EXT：外部操作模式 使用外部操作模式(用另外连接的频率设定旋钮和启动信号运行)时，请按下此键，使 EXT 显示为点亮状态
RUN 键	运行指令正转	反转用(Pr.17)设定
STOP/RESET 键	进行运行的停止，报警的复位	
SET 键	确定各设定	
MODE 键	切换各设定	

3. 基本功能参数

基本功能参数一览表见表 3-9。

表 3-9 基本功能参数一览表

参 数	名 称	表 示	设定范围	单 位	出厂设定值
0	转矩提升	P 0	0~15%	0.1%	6% 5% 4%
1	上限频率	P 1	0~120Hz	0.1Hz	50Hz
2	下限频率	P 2	0~120Hz	0.1Hz	0Hz
3	基波频率	P 3	0~120Hz	0.1Hz	50Hz
4	3 速设定(高速)	P 4	0~120Hz	0.1Hz	50Hz
5	3 速设定(中速)	P 5	0~120Hz	0.1Hz	30Hz
6	3 速设定(低速)	P 6	0~120Hz	0.1Hz	10Hz
7	加速时间	P 7	0~999s	0.1s	5s
8	减速时间	P 8	0~999s	0.1s	5s
9	电子过电流保护	P 9	0~50A	0.1A	额定输出电流
30	扩展功能显示选择	P 30	0,1	1	0
79	操作模式选择	P 79	0~4, 7, 8	1	0

注意：只有当 Pr.30 "扩展功能显示选择" 的设定值设定为 "1" 时，变频器的扩展功能参数才有效。

三、参考程序

四层电梯参考程序的梯形图如图 3.62 所示。

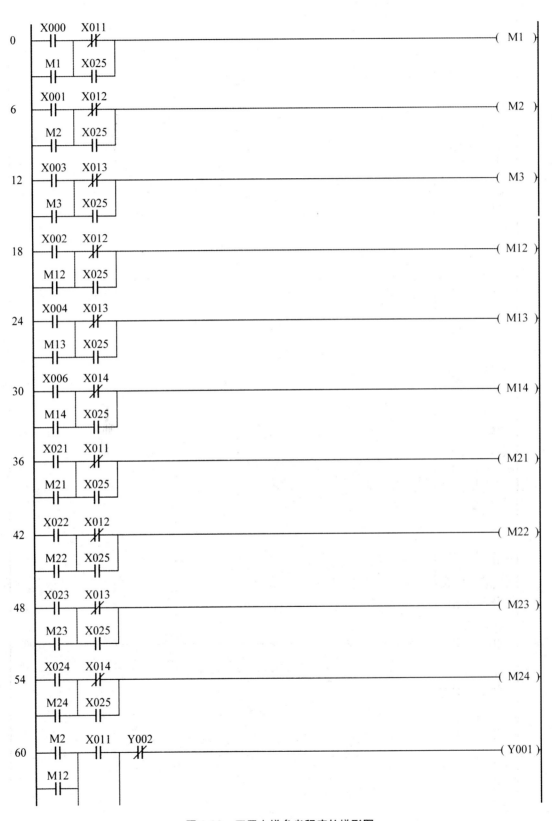

图 3.62　四层电梯参考程序的梯形图

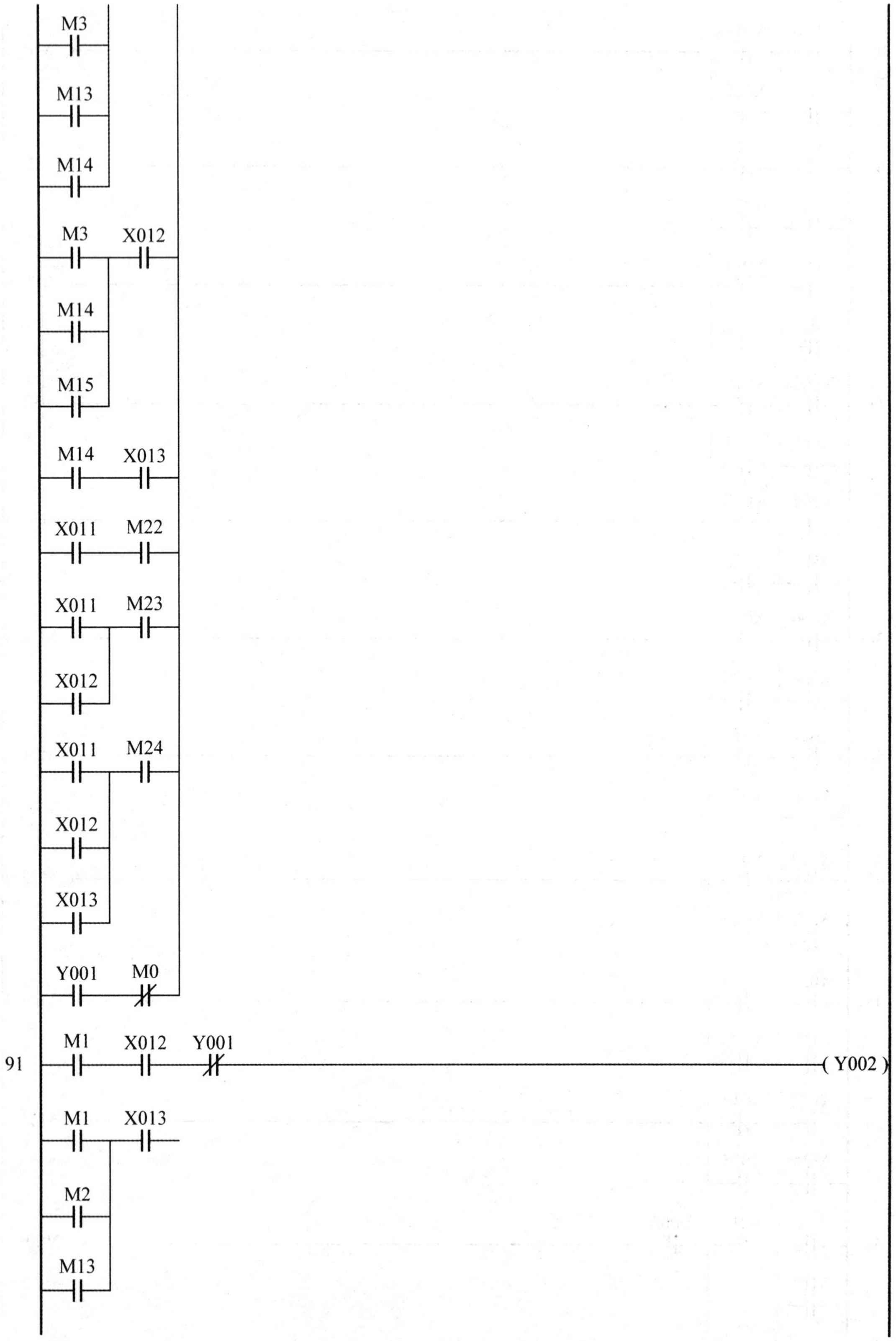

图 3.62　四层电梯参考程序的梯形图(续)

图 3.62　四层电梯参考程序的梯形图(续)

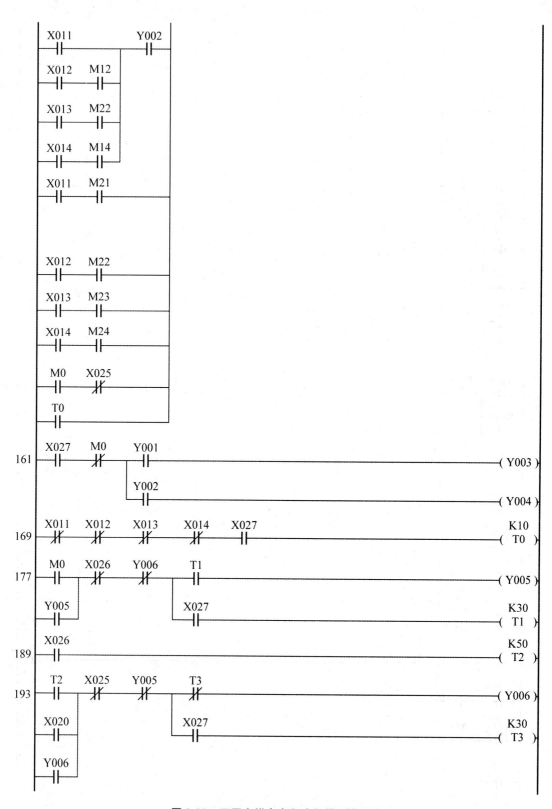

图 3.62　四层电梯参考程序的梯形图(续)

图 3.62 四层电梯参考程序的梯形图(续)

四、电梯控制系统接线图

根据电梯的控制要求，变频器采用三菱 FR-E540 型。变频器采用外部信号控制，变频器的运行有启动、停止、正转和反转，电梯控制系统的接线图如图 3.63 所示。

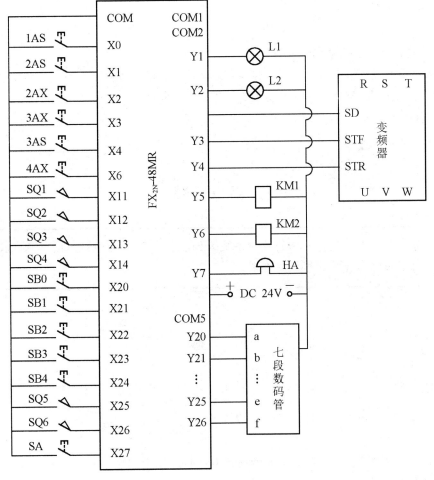

图 3.63 电梯控制系统的接线图

知识扩展

解码指令的使用

解码指令 DECO、DECO(P) 指令的编号为 FNC41。如图 3.64 所示，n=3 表示[S.]源操作数为 3 位，即为 X0、X1、X2。其状态为二进制数，当值为 011 时相当于十进制 3，则由目标操作数 M7～M0 组成的 8 位二进制数的第三位 M3 被置为 1，其余各位为 0；如果值为 000，则 M0 被置为 1。用译码指令可通过[D.]中的数值来控制元件的 ON/OFF。

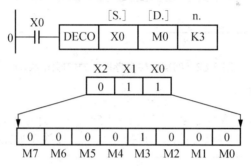

图 3.64 译码指令的使用

使用译码指令时应注意以下几点。

(1) 位源操作数可取 X、T、M 和 S，位目标操作数可取 Y、M 和 S，字源操作数可取 K、H、T、C、D、V 和 Z，字目标操作数可取 T、C 和 D。

(2) 若[D.]指定的目标元件是字元件 T、C、D，则 n≤4；若是位元件 Y、M、S，则 n=1～8。译码指令为 16 位指令，占 7 个程序步。

任 务 小 结

该任务主要以小型交流电梯的控制系统为例，利用 PLC 控制技术的特点，提出了一套智能电梯控制系统的应用设计方案。

习 题

一、选择题

1. FX 系列应用指令的目标操作数一般用字符(   )表示。

    A. S   B. D   C. m   D. n

2. 当(   )ON 时，即使状态转移条件有效，状态也不能转移。

    A. M8033   B. M8034   C. M8040   D. M8041

3. PLC 输出对输入的响应最快的是(　　)。

    A. 1MS/　　　　　　　　B. 0.75MS/　　　　　　　C. 0.5MS/　　　　　　　D. 0.25MS/

4. PLC 运行状态初始脉冲接点为 ON 的辅助继电器是(　　)。

    A. M8000　　　　　　　B. M8001　　　　　　　C. M8002　　　　　　　D. M8003

5. 交—交变频器装置的输出频率为(　　)Hz。

    A. 0～25　　　　　　　B. 0～50　　　　　　　C. 0～60　　　　　　　D. 0～任意

二、判断题

1. 利用 PLC 最基本的逻辑运算、定时、计数等功能实现逻辑控制，可以取代传统的继电器控制。　　　　　　　　　　　　　　　　　　　　　　　　　　　　　(　　)

2. DIV 指令指二进制除法。　　　　　　　　　　　　　　　　　　　　(　　)

3. 编程时程序应按自上而下，从左到右的方式编制。　　　　　　　　　(　　)

4. PLC 交流电梯自由状态时,按下直流按钮电梯迅速达到所需要层。　　(　　)

三、问答题

1. 用传送与比较指令作简易 3 层升降机的自动控制，完成程序设计。要求：①只有在升降机停止时，才能够呼叫升降机；②只能够接受 1 层呼叫信号，先按者优先，后按者无效；③上升、下降、停止自动判别。

2. 用移位指令控制一个 5 行 8 列的发光二极管的矩阵块，要求矩阵发光二极管灯从左到右，从上到下，每个发光二极管灯顺次发光 0.5s，并周而复始。

3. 钻床主轴多次进给制系统的程序设计。

(1) 设计要求:钻头从初始位置在原点 SQ1(行程开关 X001)处,按下启动按钮 SB1(X000)钻头进给至 SQ2(行程开关 X002)处返回原点，然后再进给至 SQ3(行程开关 X003)处返回原点，紧接着钻头再次进给至 SQ4(行程开关 X004)处返回原点停止，至此完成钻床主轴进给控制系统全过程。

(2) 钻床主轴进给控制系统工作循环图如图 3.65 所示。

要求：①设计出梯形图；②写出指令表；③连接电路；④输入程序并运行。

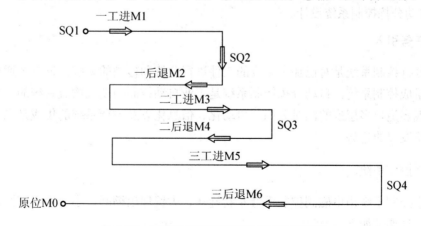

图 3.65　钻床主轴进给控制系统工作循环图

4. 如图 3.66 所示的传送带输送工件，数量为 20 个。链接 X0 端子的光电传感器对工件进行计数。当计件数量为 20 时，10s 后传送带停机，同时指示灯熄灭。设计 PLC 控制电路并用区间比较指令 ZCP 编写程序。

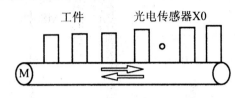

图 3.66　传送带的工作台

5. 试用 SFTL 位左移指令构成移位寄存器，实现广告牌字的闪烁控制。用 HL1～HL4 四盏灯分别照亮"欢迎光临"4 个字。其控制流程要求见表 3-10，带有 * 的表示照亮，每步间隔 1s。

表 3-10　广告牌子的闪烁流程

步序 灯	2	3	4	5	6	7	8
HL1	*				*		*
HL2		*			*		*
HL3			*		*		*
HL4				*	*		*

任务 3.7　自动分拣控制系统设计

学习目标

(1) 掌握气缸的使用。

(2) 了解双向电磁阀的使用。

(3) 自动分拣控制系统设计。

任务引入

自动分拣控制系统是对已加工完成的工件进行分拣和传输的系统，该系统通过传送带与机械手组成控制系统。自动分拣控制系统是工业自动控制与现代物流系统的重要组成部分，能实现多道口多层次的同时分拣。自动化、信息化以及方便系统的集成是当今物流行业控制系统发展的趋势。

一、机械手控制系统

机械手控制系统由电磁阀控制手臂左右旋转、大臂伸出缩回、小臂伸出缩回、手爪松开夹紧，具体要求如下。

(1) 初始状态。机械手处于抓取工件最上方，机械手臂处于最左面，大、小臂均处于缩回限位，手爪位于松开状态。整个系统启动时机械手要检测初始状态并使其处于初始位置。

(2) 抓取放置工件。当有符合要求的工件到传送带左端时，机械手开始工作。从初始状态逆时针旋转碰到左限位，大臂伸出碰到手臂伸出限位，小臂伸出碰到小臂伸出限位，手爪夹紧，停留 1s 后，小臂上升至上限位，大臂缩回至后限位，顺时针旋转碰到右限位；大臂伸出碰到手臂伸出限位，小臂伸出碰到小臂伸出限位，手爪松开，停留 1s 后，上升至上限位，大臂缩回至后限位，回到初始位置。为避免意外发生，从手爪夹紧工件到松开工件放在料盘里，传送带系统不响应停止信号。

(3) 工件返回重拣。如需要把已分拣的工件取回重新分拣时，机械手应首先在处理盘中抓取工件，然后按照(2)中要求的相反过程将工件放到传送带左端，之后机械手回到初始位置。

二、传送带控制系统

变频器控制三相异步电动机实现正反转，传送带传送速度有：高速(60Hz)、中速(40Hz)、低速(20Hz)，从而控制传送带速度的快慢。自动分拣控制系统的设计如图 3.67 所示。具体控制要求如下。

(1) 变速控制。如传送带正转时，被检测区没有检测到工件，电机以高速运行，反之电机以低速运行。当传送带反转时，电机以 40Hz 的速度运行，加、减速时间分别为 2s、1s。

(2) 材质分拣。如接近开关检测到有工件时，则该工件到达一推处时，一推杆将工件推入料槽一，同时该区计数器加 1。

(3) 颜色分拣。当颜色传感器检测有白色工件通过时，则该工件到达光电开关处时，推杆二将工件推入料槽二，同时该区计数器加 1。

(4) 废品分拣。当废品(黑色工件)到来时，接近开关和颜色传感器均无法检测到，则该工件被作为废品送到一推位置处，光电开关检测到延时 1s 后传送带停止，当机械手把工件抓走后等待重新加工。

(5) 工件放置。投放工件时要在投料区内，当前一个工件越过标志线后才能放第二个工件。放置工件没有数据限制，随机、连续摆放。

(6) 包装工件。当料槽一或料槽二内工件数达到 4 个时，相应的拣出区计数器的值为 4，传送带停止，等待包装。5s 后包装结束，传送带继续按照暂停前的状态运行(同时相应计数器清零)。

(7) 工件转移。被分拣的工件中如混有废品(黑色)，到传送带终端时电机必须停止运行。当机械手把其转移到废品盘且返回初始位置时，传送带继续按照暂停前的状态运行。

(8) 返回重拣。如需要将废品区的工件放回到传送带上重新进行分拣，应先按下重拣按钮，此时蜂鸣器长鸣，提示不能放工件到投放区内；等传送带上的工件被分拣完毕后，机械手执行工件返回重拣状态。当工件被机械手放到传送带终端后 1s，传送带以中速反向运行，把工件放回到 B 区停止后，电机立即以高速正向运行。

(9) 启动控制。当按下启动按钮后，机械手检测并确认处在初始位置后，系统启动，传送带以高速运行。按下停止按钮时，如果机械手爪正抓着工件在移动的过程中，则不响应停止信号，须等放回废品盘里才能停止整个系统。

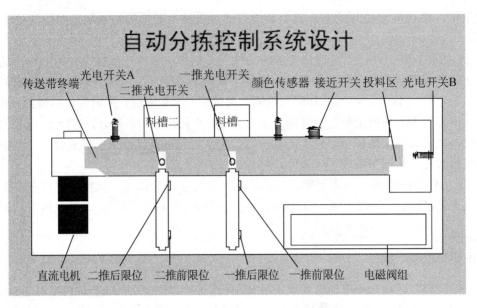

图 3.67　自动分拣控制系统的设计画面

➤ **相关知识**

一、气缸的使用

气缸的正确运动使物料分到相应的位置，只要交换进出气的方向就能改变气缸的伸缩运动，气缸两侧的磁性开关可以识别气缸是否已经运动到位，示意图如图 3.68 所示。

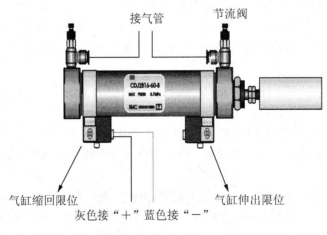

图 3.68　气缸的示意图

二、双向电磁阀的使用

双向电磁阀用来控制气缸进气和出气，从而实现气缸的伸出、缩回运动。内装指示灯有正负极性，如果极性接反了也能正常工作，但指示灯不会亮。双向电磁阀的示意图如图 3.69 所示。

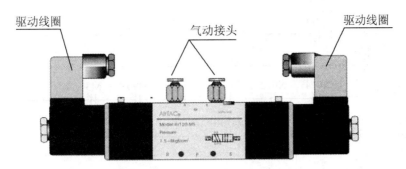

图 3.69 双向电磁阀的示意图

任务实施

(1) 根据条件画出 I/O 分配表见表 3-11。

表 3-11 物料传送系统的 I/O 分配

类 别	元 件	PLC 地址	功 能	类 别	元 件	PLC 地址	功 能
输入	SQ1	X0	小臂上升限位	输出	STF	Y0	变频器正转
	SQ2	X1	小臂下降限位		STR	Y1	变频器正转
	SQ3	X2	大臂伸出限位		RL	Y2	低速运行
	SQ4	X3	大臂缩回限位		RH	Y3	高速运行
	SQ5	X4	手臂左旋限位		1YA	Y4	一推伸出
	SQ6	X5	手臂右旋限位		2YA	Y5	一推缩回
	SB3	X6	重拣按钮		3YA	Y6	二推伸出
	SB1	X10	启动按钮		4YA	Y7	二推缩回
	SB2	X11	停止按钮		5YA	Y10	小臂上升
	SQ10	X12	颜色检测开关		6YA	Y11	小臂下降
	SQ11	X13	金属检测开关		7YA	Y12	大臂伸出
	SQ12	X14	光电开关 A		8YA	Y13	大臂缩回
	SQ13	X15	光电开关 B		9YA	Y14	手臂左旋
	SQ14	X16	光电开关 C		10YA	Y15	手臂右旋
	SQ15	X17	光电开关 D		11YA	Y16	手爪夹紧
	SQ20	X20	一推伸出限位		HA	Y17	报警器
	SQ21	X21	一推缩回限位			Y20	数码显示 A1
	SQ22	X22	二推伸出限位			Y21	数码显示 B1
	SQ23	X23	二推缩回限位			Y22	数码显示 C1
						Y23	数码显示 D1
						Y24	数码显示 A2
						Y25	数码显示 B2
						Y26	数码显示 C2
						Y27	数码显示 D2

(2) 自动分拣控制系统参考程序的梯形图如图 3.70 所示。

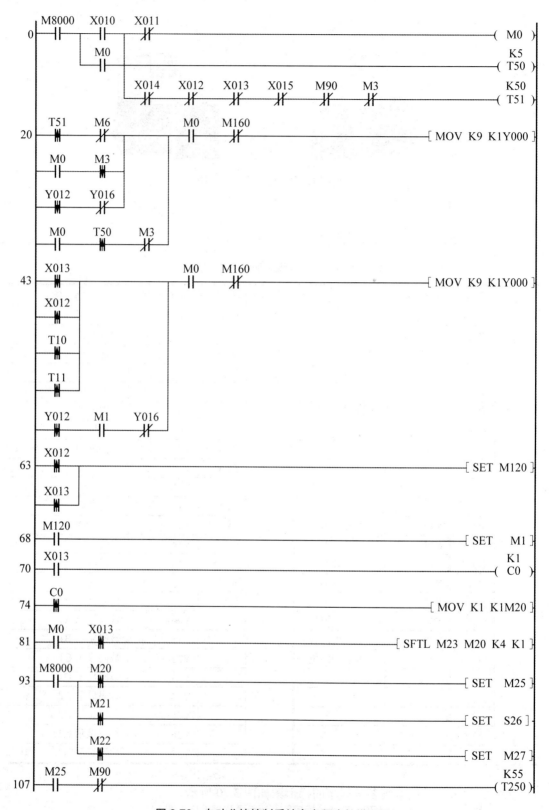

图 3.70 自动分拣控制系统参考程序的梯形图

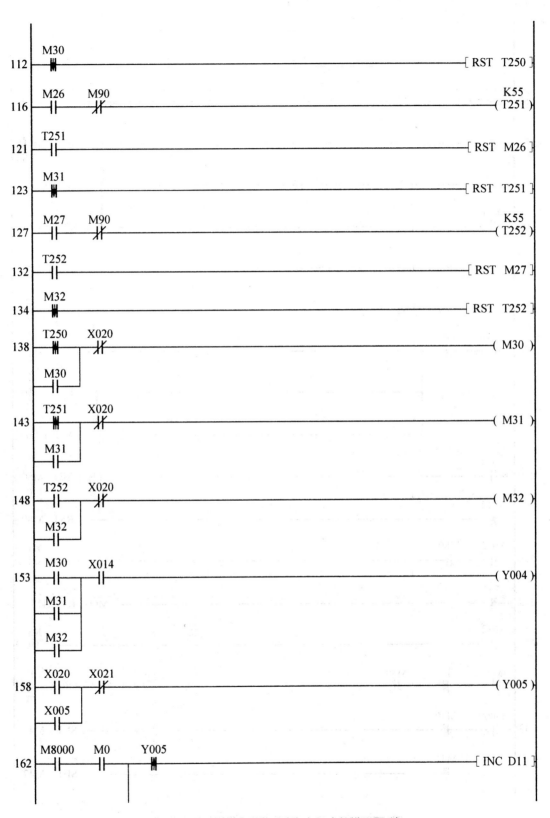

图 3.70　自动分拣控制系统参考程序的梯形图(续)

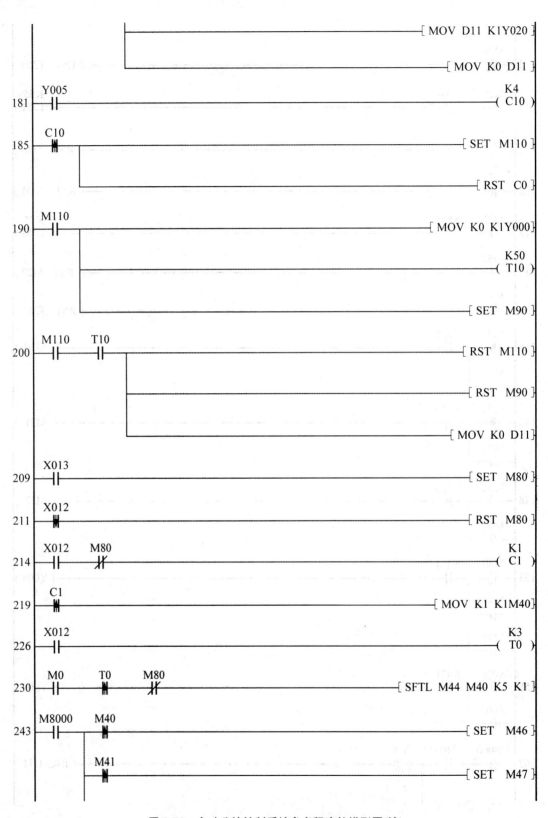

图 3.70　自动分拣控制系统参考程序的梯形图(续)

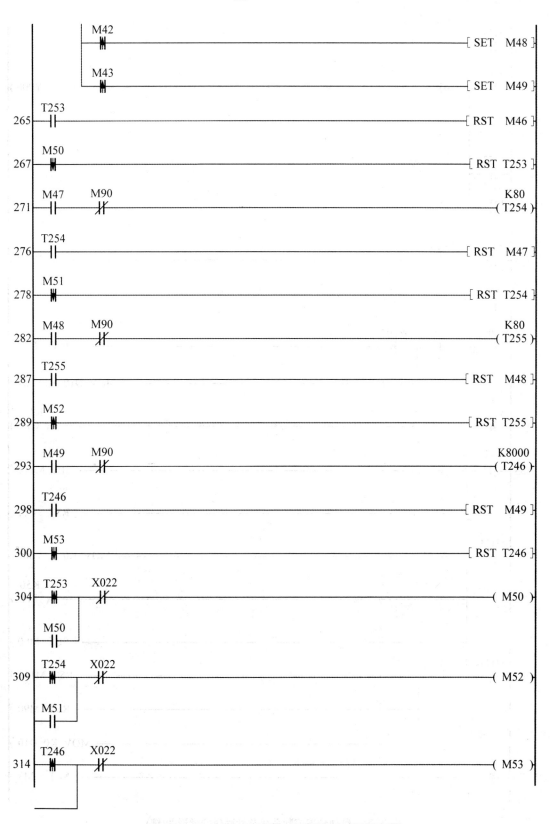

图 3.70 自动分拣控制系统参考程序的梯形图(续)

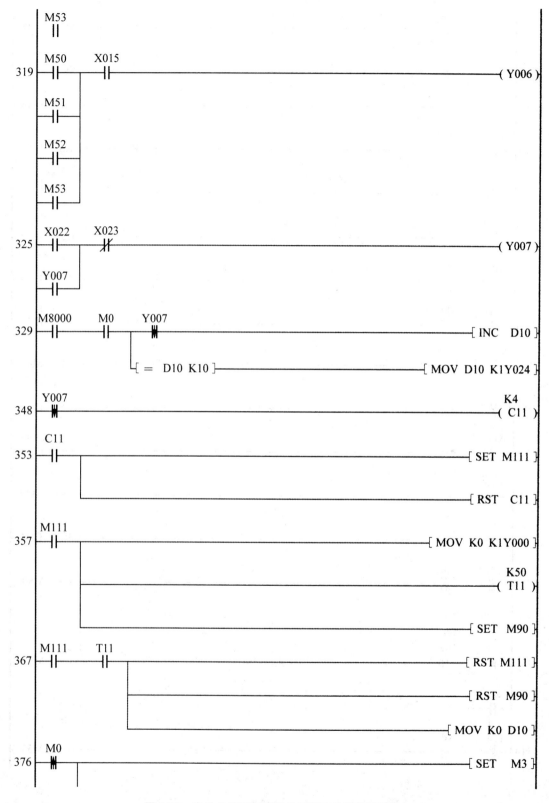

图 3.70　自动分拣控制系统参考程序的梯形图(续)

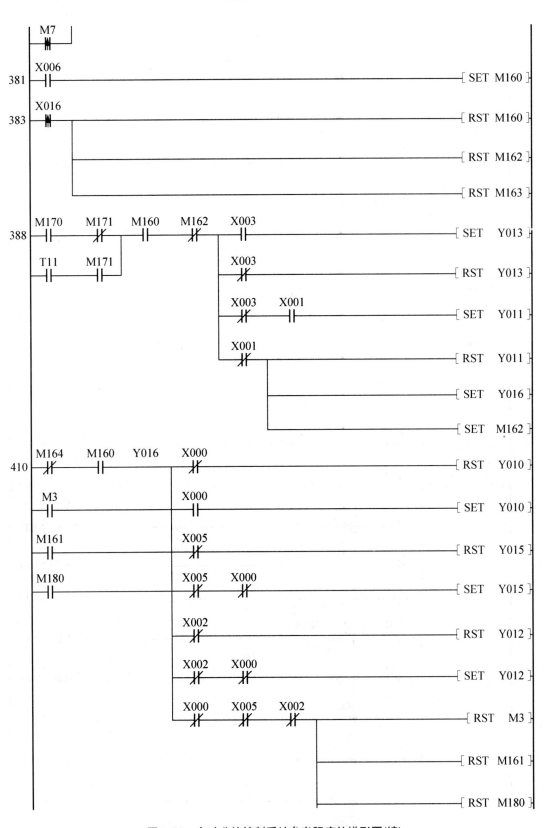

图 3.70　自动分拣控制系统参考程序的梯形图(续)

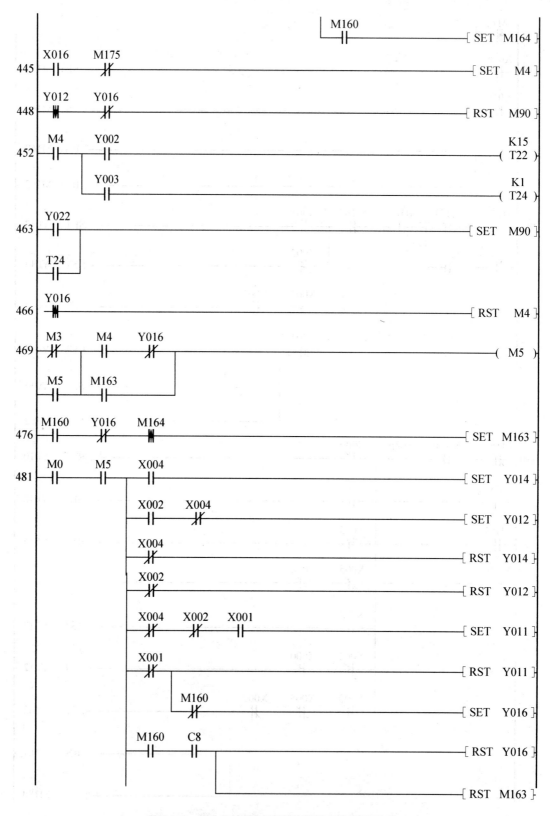

图 3.70 自动分拣控制系统参考程序的梯形图(续)

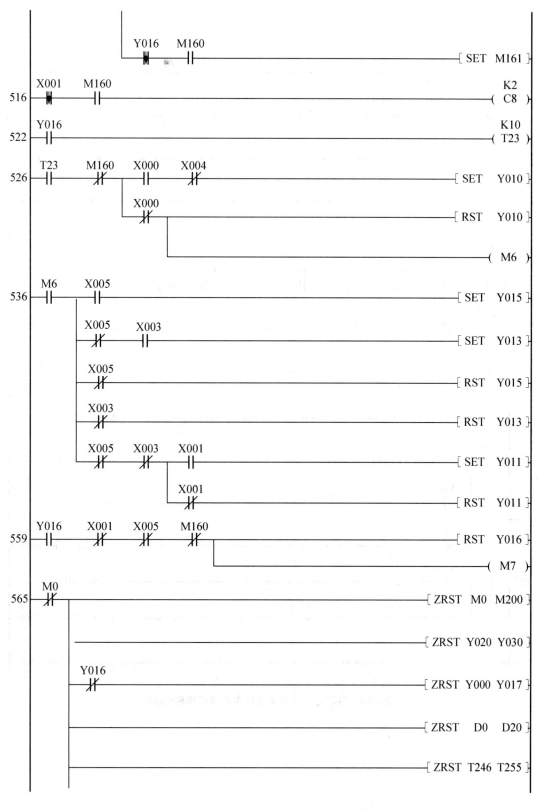

图 3.70　自动分拣控制系统参考程序的梯形图(续)

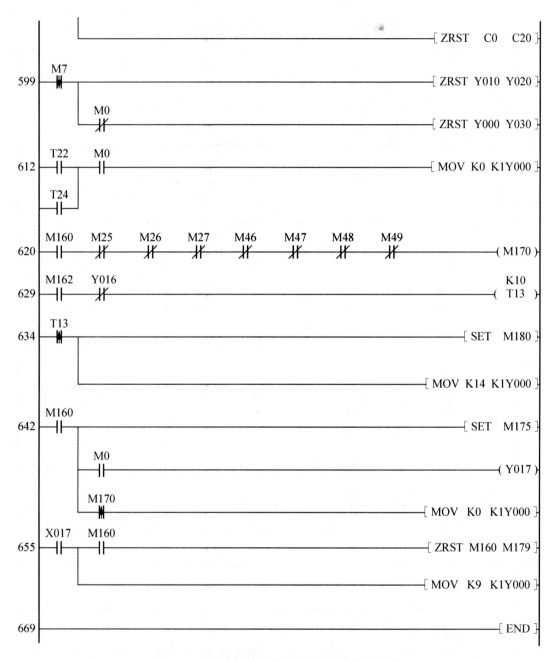

图 3.70　自动分拣控制系统参考程序的梯形图(续)

(3) 自动分拣控制系统的接线图如图 3.71 所示。

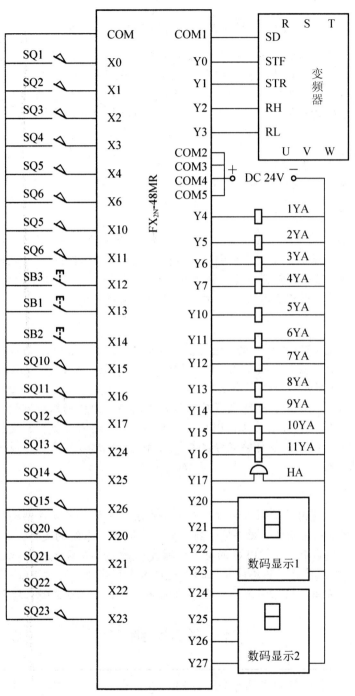

图 3.71　自动分拣控制系统的接线图

 知识扩展

PLC 与其他模拟量控制装置的比较

传统的模拟量控制系统主要采用电动组合仪表,常用的有 DDZ-Ⅱ型和 DDZ-Ⅲ型仪表。其特点是结构简单、价格便宜,但体积大、功耗大、安装复杂、通用性和灵活性较差、控制精度和稳定性较差。另外,其控制运算功能简单,不能实现复杂的过程控制。随着电子技术的发展,新型的过程控制计算机不断涌现,较为流行的有工业控制计算机(IPC)、可编程调节器(PSC)、集散控制系统(DCS)。

1. PLC 与 PSC

可编程调节器是在 DDZ-Ⅲ型仪表的基础上,采用微处理器技术发展起来的第 4 代仪表。它的功能强大、灵活性、可靠性、控制精度、数字通讯能力是传统的电动组合仪表无法比拟的。PLC 与 PSC 都是智能化的工业装置,各有特色。PLC 以开关量控制为主,模拟量控制为辅;而 PSC 则以闭环模拟量控制为主,开关量控制为辅,并能进行显示、报警和手动操作。因此,在模拟量控制系统中采用 PSC 更适合于各种过程控制的要求,而 PLC 的可靠性、灵活性、强大的开关量控制能力和通信联网能力,在模拟量控制上也富有特色,特别是在开关量、模拟量混合控制系统中更显示出其独特的优越性。

2. PLC 与 DCS

集散控制系统是 1975 年问世的,它是 3C(Computer、Communications、Control)技术的产物,它将顺序控制装置、数据采集装置、过程控制的模拟量仪表、过程监控装置有机地结合在一起,产生了满足各种不同要求的 DCS。今天的 PLC 加强了模拟量控制功能,多数配备了各种智能模块,具有了 PID 调节功能和构成网络、组成分级控制的功能,也实现了 DCS 所能完成的功能。到目前为止,PLC 与 DCS 的发展越来越近。就发展趋势来看,控制系统将综合 PLC 和 DCS 各自的优势,并把两者有机地结合起来,形成一种新型的全分布式计算机控制系统。

3. PLC 与 IPC

工业控制计算机是由通用微机的推广应用而发展起来的,其硬件结构和总线的标准化程度高,品种兼容性强,软件资源丰富,特别是有实时操作系统的支持,在要求实时性强、系统模型复杂的领域占有优势。PLC 的标准化程度较差,产品不能兼容,故开发较为困难,但 PLC 的梯形图编程很受不熟悉计算机的电气技术人员欢迎,同时 PLC 专为工业现场环境设计,可靠性非常高,被认为是不会损坏的设备,而 IPC 在可靠性上还不够理想。

任 务 小 结

本任务根据材料分拣的实际需要采用 PLC 设计出了材料分拣系统,系统由传送单元与机械手单元组成,每一工作单元都可自成一个独立的系统。本任务学习了多种类型的传感器的使用,巩固了气动方面的知识。

设计是对材料的材质进行的简单设计,可以在其基础上对分拣物品的种类与分拣的性能进行拓展及完善,可使其使用与实际生活中的各行各业密切相关,使分拣线实现无人化作业,大大提高该环节的生产效率。

习　题

一、选择题

1. 一般情况下生产设备的节能可以通过(　　)来实现。
   - A. 减少负载转矩
   - B. 削减输入功率
   - C. 缩短运行时间
   - D. 增加电磁转矩
   - E. 提高电压

2. 当(　　)ON 时，PLC 强制 STOP 停止。
   - A. M8033
   - B. M8034
   - C. M8037
   - D. M8036

3. FX 系列 PLC 的通信格式可以通过特殊数据寄存器(　　)来设定。
   - A. D8120
   - B. D8121
   - C. D8122
   - D. D8123

4. 状态寄存器分为(　　)。
   - A. 通用型
   - B. 特殊型
   - C. 停电保持型
   - D. 作信号报警用
   - E. 作状态转移用

5. 三菱 A540 系列变频器可以同时安装(　　)块内置选择,相同的选择和通信选件只能安装 1 块。
   - A. 1
   - B. 2
   - C. 3
   - D. 4

二、判断题

1. PLC 的辅助继电器、定时器、计算器在特殊情况下也不能作输出控制用。　(　　)
2. 编程时每个逻辑行上,串联触点的电路应排在上面。　(　　)
3. PID 控制模块完全可以脱离 PLC 独立完成其调节功能。　(　　)
4. 采用 GTR 或 GTO 构成的变频器可以省掉专门的换流电路。　(　　)

三、问答题

1. 什么叫"位"元件? 什么叫"字"元件? 两者有什么区别?
2. 什么是变址寄存器? 有什么作用? 试举例说明。
3. 位元件如何组成字元件? 试举例说明。
4. 在电路的控制中,在改变电路的数据时,用如图 3.72 所示的条形图显示数据,具有直观清楚的效果。图中有 16 个发光二极管,初始有 8 个发光二极管,按动减按钮,减少条形图的发光长度;按动加按钮,增加条形图的发光长度。

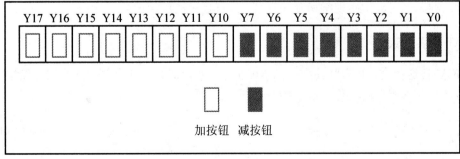

图 3.72　条型数据显示

5. FX 型 PLC 有专用的矩阵输入指令 MTR，采用矩阵输入十分不方便。由 8 点输入和 8 点晶体管输出，获得 64 点输入，但它的条件必须 8 点输入，输出只能在 2～8 点之内。因此，它们的使用范围就受到限制，根据 FX 型 PLC 的数据形式，输入点可以是 4 的倍数。例如，K1X20 表示由 X23、X22、X21、X20 表示 4 位数，最多可以达到 K8 即 32 位，总的输入点为输入点数与输出点数的乘积。如果输入点数超过了 32 点，可以多次编程。由于采用编程的方法来实现矩阵输入点和输出点不受限制，可以组成足够多的矩阵输入开关。例如，用于 FX_{2N}-64MT 型 PLC 可组成部分 1024(32×32)个矩阵输入开关。

任务 3.8 病床紧急呼叫系统设计

学习目标

(1) 掌握 MOVP 指令的使用。
(2) 掌握动作流程图的绘制和使用。

任务引入

病床紧急呼叫系统的设计要求如下。

(1) 共有 3 个病房，第一、二间病房各有两个床位，第三间病房有一个床位。每一个病床床头均有紧急呼叫按钮及重置按钮，方便病人不适时紧急呼叫。

(2) 每个病床床头都有呼叫按钮及复位按钮，方便病人需要时紧急呼叫。

(3) 设每一层楼有一个护士站，每个护士站均有该层楼病人呼叫与处理的复位按钮。

(4) 每个病床床头均有一个紧急指示灯，在病人按下紧急呼叫按钮且未在 5s 内按下复位按钮时，该病床床头紧急指示灯动作，且病房门口紧急指示灯闪烁。同时同楼层的护士站显示病房紧急呼叫并闪烁指示灯。

(5) 在护士站的病房紧急呼叫中心，每个病房都有编号，用 7 段数码管显示哪一病房先按的病人紧急呼叫按钮，并要求具有优先级别判断能力。

(6) 护士看见护士站紧急呼叫闪烁灯后，需先按下护士处理按钮，以取消闪烁情况，再按病房紧急呼叫顺序处理病房紧急事情，处理妥当后，病房紧急闪烁指示灯和病床上的紧急指示灯才可被复位。

随着社会的进步和发展，医疗水平的不断提高，医院护理需要及时掌握各病区的情况，有了病床呼叫系统，医院的护理工作会变得更方便、全面，PLC 智能病床呼叫控制系统能够及时、准确、可靠地实现病房呼叫管理，具有良好的应用前景。

相关知识

MOV 传送指令，P 为脉冲型，当 X0 处于上升沿时，把 1 传送到 D0 的存储单元中，说明该指令在本周期内执行 1 次。指令如图 3.73 所示。

图 3.73 MOVP 指令

任务实施

(1) 动作流程图如图 3.74 所示。

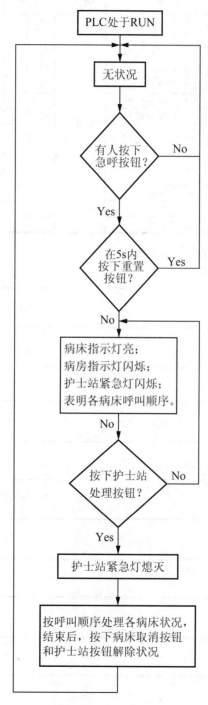

图 3.74　动作流程图

(2) I/O 分配表见表 3-12。

表 3-12 I/O 分配表

类 别	元 件	PLC 地址	功 能	类 别	元 件	PLC 地址	功 能
输入	SB1	X0	一病房 1 床呼叫按钮	输出	HA1	Y0	一病房 1 床指示灯
	SB2	X1	一病房 1 床取消按钮		HA2	Y1	一病房 2 床指示灯
	SB3	X2	一病房 2 床呼叫按钮		HA3	Y2	一病房指示灯闪烁
	SB4	X3	一病房 2 床取消按钮		HA4	Y3	二病房 1 床指示灯
	SB5	X4	二病房 1 床呼叫按钮		HA5	Y4	二病房 2 床指示灯
	SB6	X5	二病房 1 床取消按钮		HA6	Y5	二病房指示灯闪烁
	SB7	X6	二病房 2 床呼叫按钮		HA7	Y6	三病房指示灯闪烁
	SB8	X7	二病房 2 床取消按钮		HA8	Y7	护士站紧急房指示灯闪烁
	SB9	X10	三病房呼叫按钮			Y10 ~ Y17	数码显示
	SB10	X11	三病房取消按钮				
	SB11	X12	护士站处理按钮				
	SB12	X13	护士站取消按钮				

(3) 病床紧急呼叫系统程序如图 3.75 所示。

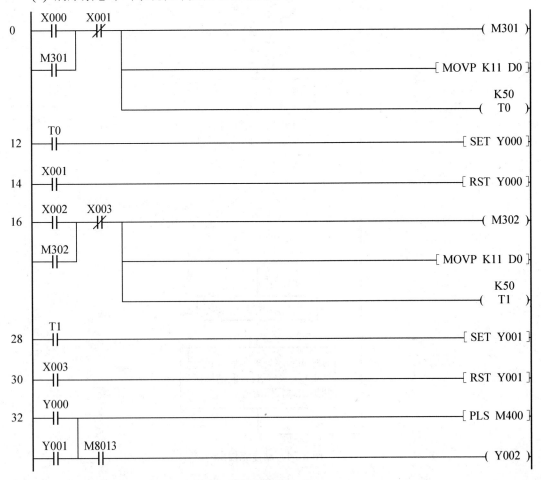

图 3.75　病床紧急呼叫系统程序图

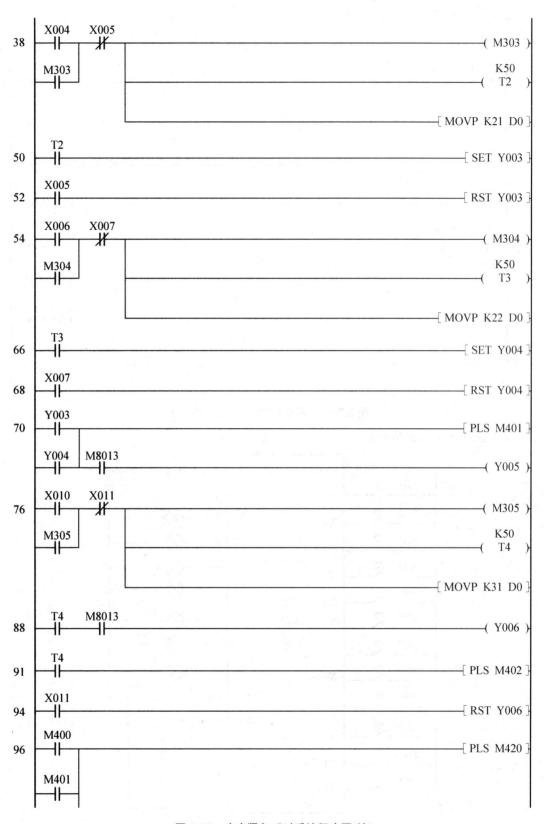

图 3.75　病床紧急呼叫系统程序图(续)

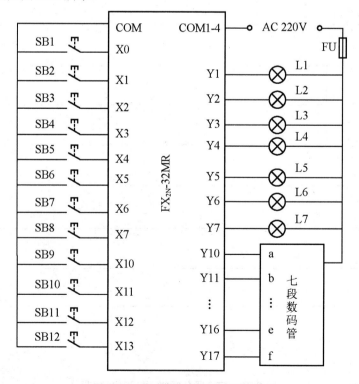

图 3.75　病床紧急呼叫系统程序图(续)

(4) 接线图如图 3.76 所示。

图 3.76　病床紧急呼叫系统接线图

 知识扩展

指令 MOVP HOFF K2Y0 的含义

MOVP 表示脉冲传送指令，HOFF 中的 H 表示十六进制，这里表示的是十六进制 FF，K2Y0 表示 Y7Y6Y5Y4Y3Y2Y1Y0,就是从 Y0 开始的两组 4 位数，K1Y0 则表示 Y3Y2Y1Y0,此指令表示将十六进制 FF 传送到 Y7Y6Y5Y4Y3Y2Y1Y0，执行后的结果为 Y7=1、Y6=1、Y5=1、Y4=1、Y3=1、Y2=1、Y1=1、Y0=1。

任 务 小 结

该项目介绍了病床紧急呼叫控制的设计方法，使读者进一步巩固 MOV 类指令的用法。

习 题

一、选择题

1. 在三菱 FX 系列 PLC 中，下列(　　　)为数据传送指令。
   A. MOV　　　　　　B. CML　　　　　　C. CMP
   D. ZCP　　　　　　　　　　　　　　　E. XCH
2. PLC 开关量 I/O 模块按照使用电源之间的关系可分为(　　　)。
   A. 汇点式　　　　　B. 分隔式　　　　　C. 直流
   D. 交流　　　　　　　　　　　　　　　E. 交直流
3. 目前具有自关断能力的半导体开关元件有(　　　)。
   A. 特殊晶闸管　　　B. 快速晶闸管　　　C. 可关断晶体管
   D. 电力晶体管　　　　　　　　　　　　E. 电力场效应晶体管
4. F940GOT 的内置 HPP 功能(针对 FX 系列)中包含(　　　)等功能。
   A. 程序编写　　　　B. PLC 参数修改　　C. BMF 监控　　　D. 强制 ON/OFF
5. 在 FX 系列 PLC 的指令 PLSY　K1000　D0　Y0 中，K1000 为(　　　)。
   A. 最高频率　　　　B. 最低频率　　　　C. 指定频率　　　　D. 输出脉冲数

二、判断题

1. 若在程序最后写入 END 指令，则该指令后的程序步就不再执行。　　　　　(　　)
2. 顺序扫描用户程序中的各条指令,根据输入状态和指令内容进行逻辑运算。(　　)
3. PLC 产品上一般都有 DC 24V 电源，但该电源容量小，为几十毫安至几百毫安。
   (　　)
4. IPM 是智能电力模块缩写符号。　　　　　　　　　　　　　　　　　　(　　)

三、应用题

1. 控制一组 8 个彩色广告灯，如图 3.77 所示。启动时，要求 8 个彩色广告灯从右到左逐个点亮；全部点亮时，再从左到右逐个熄灭。全部灯熄灭后，在从左到右逐个点亮，全部灯点亮时，再从右到左逐个熄灭，并重复上述过程。试设计其程序。

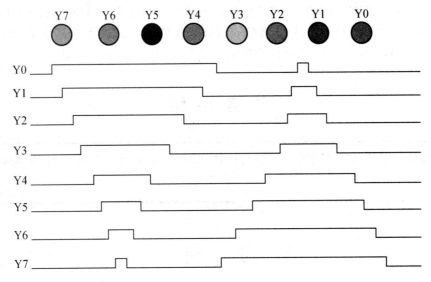

图 3.77 彩色广告灯时序图

2. 试编写一个数字钟的程序，要求有时、分、秒的输出显示，应有启动、清除功能。进一步可考虑时间调整功能。

3. 某灯光招牌有 L1～L8 共 8 个灯接于 K2Y0，要求按下启动按钮 X0 时，灯先以正序每隔 1s 轮流点亮，当 L8 亮后，停 2s；然后以反序每隔 1s 轮流点亮，当 L1 亮后，停 2s，重复上述过程。当停止按钮 X1 按下时，停止工作。试设计其程序。

4. 用 PLC 对三相步进电动机正反转、调速及步数进行控制。S1 为启动开关，S2、S3 两个开关控制步进电动机的 4 种转速，S4 控制步进电动机正反转，S5、S6 为步数控制开关，S5 为 100 步控制开关，S6 为 200 步控制开关，S7 为停止开关。试设计其梯形图程序。

5. 某台设备具有手动/自动两种操作方式。SB3 是操作方式选择开关，当 SB3 处于断开状态时，选择手动操作方式；当 SB3 处于接通状态时，选择自动操作方式，不同操作方式进程如下。

(1) 手动操作方式进程：按启动按钮 SB2，电动机运转；按停止按钮 SB1，电动机停机。

(2) 自动操作方式进程：按启动按钮 SB2，电动机连续运转 1min 后，自动停机。按停止按钮 SB1，电动机立即停止。

任务 3.9　PLC 的网络通信

学习目标

(1) 掌握 PLC 的网络通信的含义。

(2) 掌握 PLC 常用通信接口的使用方法。

任务引入

有一小型控制系统，要求采用 FX_{2N}-485-BD 内置通信连接，组成 N∶N 网络控制，3 台 PLC 分别为 FX_{2N}-16MR，采用刷新模式 1，重试次数为 3，通信超时时间为 50ms。试设计满足下列要求的主站和从站程序。

(1) 用主站 NO.0 的 X2 正转启动、X3 反转启动，X1 停止从站 NO.1 的甲电动机双重联锁带星—三角降压启动，并有指示灯闪烁，闪烁频率为每秒 1 次。

(2) 用从站 NO.1 的 X2 正转启动、X3 反转启动，X1 停止从站 NO.2 的乙电动机双重联锁带星—三角降压启动，并有指示灯闪烁，闪烁频率为每秒 1 次。

(3) 用主站 NO.2 的 X2 正转启动、X3 反转启动，X1 停止从站 NO.0 的丙电动机双重联锁带星—三角降压启动，并有指示灯闪烁，闪烁频率为每秒 1 次。

(4) 各站中的电动机的正转启动用 Y1，反转启动用 Y2，星型启动用 Y4，三角形运行用 Y3。

当任意两台设备之间有信息交换时，它们之间就产生了通信。PLC 通信是指 PLC 与 PLC、PLC 与计算机、PLC 与现场设备或远程 I/O 之间的信息交换。

PLC 通信的任务就是将地理位置不同的 PLC、计算机、各种现场设备等，通过通信介质连接起来，按照规定的通信协议，以某种特定的通信方式高效率地完成数据的传送、交换和处理。该项目通过 3 台 PLC 的通信实例加以介绍。

相关知识

一、PLC 的网络通信

在工业控制系统中，对于多控制任务的复杂控制系统，不可能靠增大 PLC 点数或改进机型来实现复杂的控制功能，而是采用多台 PLC 连接通信来实现。PLC 与 PLC 之间的通信又称为 N∶N 网络，三菱 FX_{2N} 系列 PLC 与 PLC 之间的系统连接框图如图 3.78 所示。

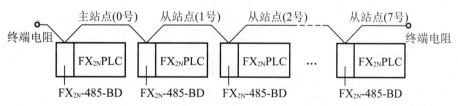

图 3.78　PLC 与 PLC 之间的简易网络连接

表 3-13　RS-232C 接口引脚信号的定义

引脚号(9 针)	引脚号(25 针)	信　号	方　向	功　能
1	8	DCD	IN	数据载波检测
2	3	RxD	IN	接收数据
3	2	TxD	OUT	发送数据
4	20	DTR	OUT	数据终端装置(DTE)准备就绪

续表

引脚号(9 针)	引脚号(25 针)	信 号	方 向	功 能
5	7	GND		信号公共参考地
6	6	DSR	IN	数据通信装置(DCE)准备就绪
7	4	RTS	OUT	请求传送
8	5	CTS	IN	清除传送
9	22	CI(RI)	IN	振铃指示

二、PLC 常用通信接口

PLC 通信主要采用串行异步通信方式，其常用的串行通信接口标准有 RS-232C、RS-422A 和 RS-485BD 等。RS-232C 是美国电子工业协会 EIA 于 1969 年公布的通信协议，它的全称是"数据终端设备(DTE)和数据通信设备(DCE)之间串行二进制数据交换接口技术标准"。RS-232C 接口标准是目前计算机和 PLC 中最常用的一种串行通信接口。

RS-232C 采用负逻辑，用-15～-5V 表示逻辑"1"，用+5～+15V 表示逻辑"0"。噪声容限为 2V，即要求接收器能识别低至+3V 的信号作为逻辑"0"，高到-3V 的信号作为逻辑1。RS-232C 只能进行一对一的通信，RS-232C 可使用 9 针或 25 针的 D 型连接器，RS-232C 接口各引脚信号的定义以及 9 针与 25 针引脚的对应关系见表 3-13。PLC 一般使用 9 针的连接器，使用的通信方式如图 3.79 所示。

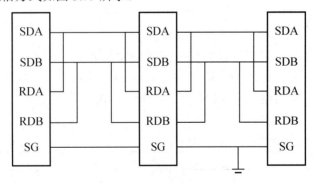

图 3.79　通信控制接线

任务实施

一、控制要求分析

本项目需要设置各站号，用到指令 M8038、D8176，设置从站数、刷新模式、重试次数、通信超时，分别用到 D8177～D8180。在各站中 PLC 控制的双重联锁带星—三角降压启动编程方法与没有设置网络的方法相同。

二、I/O 地址分配表

I/O 地址分配表见表 3-14。

表 3-14 I/O 任务 3.9 地址分配表

类 别	元 件	PLC 地址	功 能	类 别	元 件	PLC 地址	功 能
输入	SB1	X1(M1000)	主站停止	输出	KM1	Y1	主站正转启动
	SB2	X2(M1001)	主站正转		KM2	Y2	主站反转启动
	SB3	X3(M1002)	主站反转		KM3	Y3	主站三角形运行
	SB4	X1(M1064)	从站 1 停止		KM4	Y4	主站星型启动
	SB5	X2(M1065)	从站 1 正转		KM5	Y1	从站 1 正转启动
	SB6	X3(M1066)	从站 1 反转		KM6	Y2	从站 1 反转启动
	SB7	X1(M1128)	从站 2 停止		KM7	Y3	从站 1 三角形运行
	SB8	X2(M1129)	从站 2 正转		KM8	Y4	从站 1 星型启动
	SB9	X3(M1130)	从站 2 反转		KM9	Y1	从站 2 正转启动
					KM10	Y2	从站 2 反转启动
					KM11	Y3	从站 2 三角形运行
					KM12	Y4	从站 2 星型启动

三、程序调试

主站控制程序如图 3.80 所示。

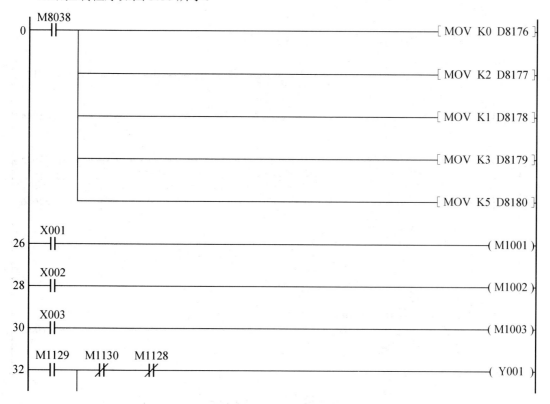

图 3.80 主站控制程序

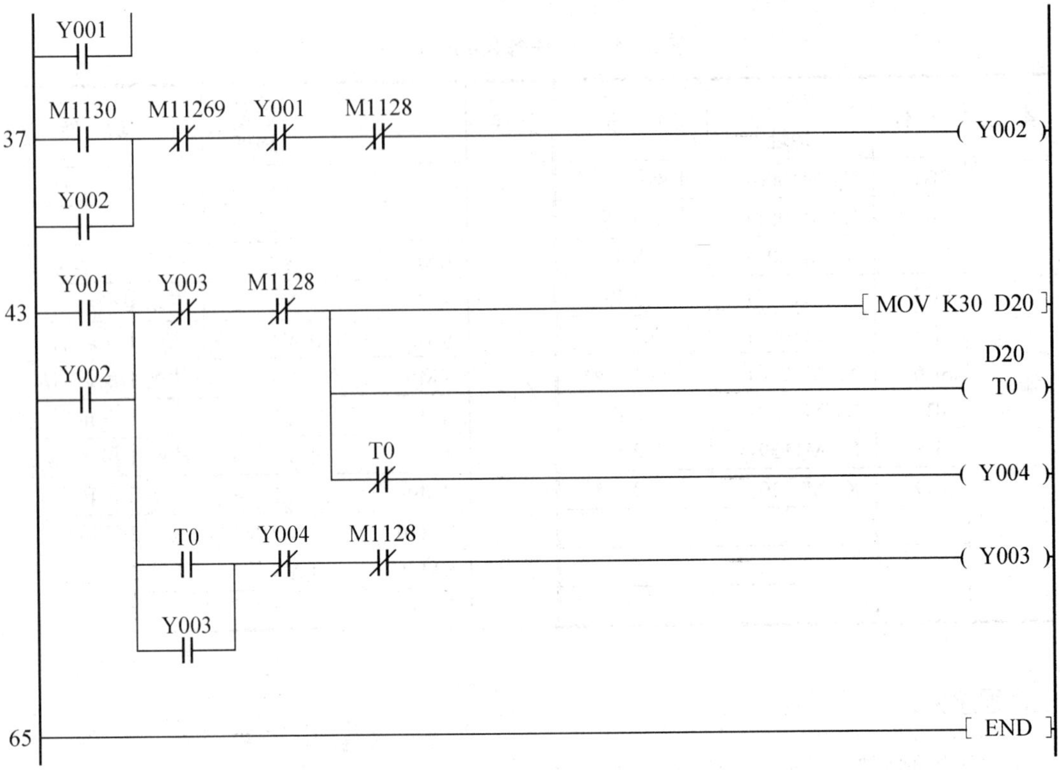

图 3.80　主站控制程序(续)

从站 1 和从站 2 的控制程序分别如图 3.81 和图 3.82 所示。

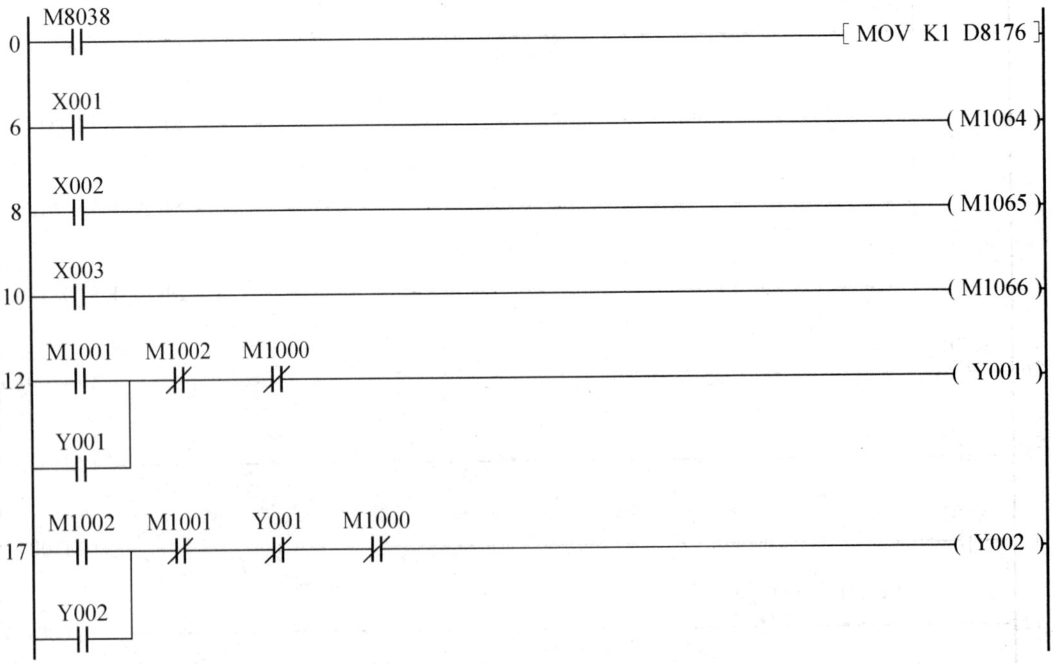

图 3.81　从站 1 控制程序

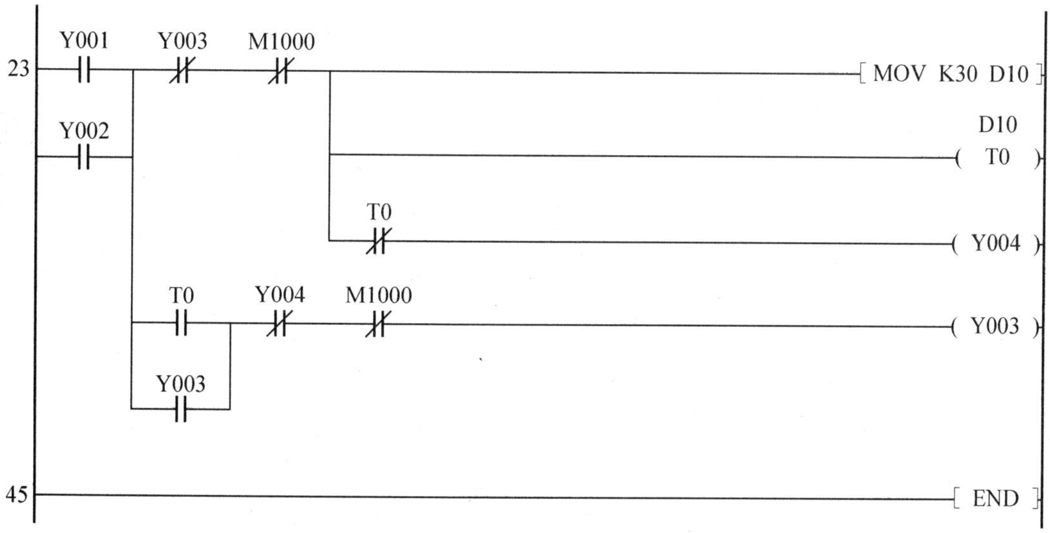

23　Y001　Y003　M1000　　　　　　　　　　　　　　　　　　　　[MOV K30 D10]

Y002　　　　　　　　　　　　　　　　　　　　　　　　　　　　　　D10
　　　　　　　　　　　　　　　　　　　　　　　　　　　　　　　　(T0)

T0
　　　　　　　　　　　　　　　　　　　　　　　　　　　　　　　　(Y004)

T0　　Y004　M1000　　　　　　　　　　　　　　　　　　　　　　(Y003)

Y003

45　　　　　　　　　　　　　　　　　　　　　　　　　　　　　　[END]

图 3.81　从站 1 控制程序(续)

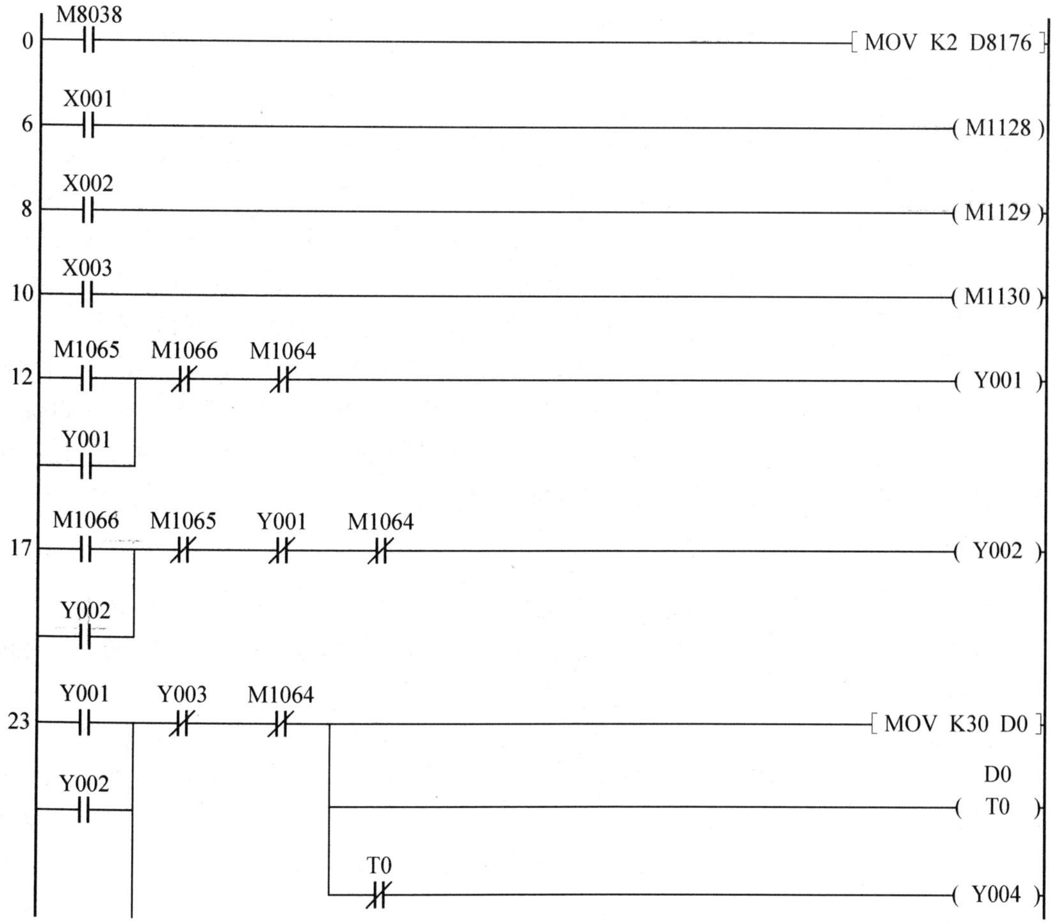

0　M8038　　　　　　　　　　　　　　　　　　　　　　　[MOV K2 D8176]

6　X001　　　　　　　　　　　　　　　　　　　　　　　　　　(M1128)

8　X002　　　　　　　　　　　　　　　　　　　　　　　　　　(M1129)

10　X003　　　　　　　　　　　　　　　　　　　　　　　　　(M1130)

12　M1065　M1066　M1064　　　　　　　　　　　　　　　　　(Y001)

Y001

17　M1066　M1065　Y001　M1064　　　　　　　　　　　　　(Y002)

Y002

23　Y001　Y003　M1064　　　　　　　　　　　　　　　　[MOV K30 D0]

Y002　　　　　　　　　　　　　　　　　　　　　　　　　　　D0
　　　　　　　　　　　　　　　　　　　　　　　　　　　　　(T0)

T0
　　　　　　　　　　　　　　　　　　　　　　　　　　　　　(Y004)

图 3.82　从站 2 控制程序

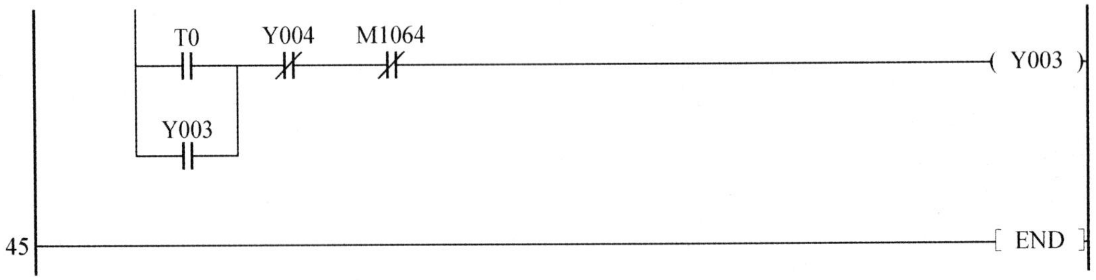

图 3.82　从站 2 控制程序(续)

 知识扩展

通 信 方 式

1. 并行通信与串行通信

数据通信主要有并行通信和串行通信两种方式。

并行通信是以字节或字为单位的数据传输方式,除了 8 根或 16 根数据线、1 根公共线外,还需要用于数据通信的控制线。并行通信的传送速度快,但是传输线的根数多,成本高,一般用于近距离的数据传送。并行通信一般用于 PLC 的内部,如 PLC 内部元件之间、PLC 主机与扩展模块之间或近距离智能模块之间。

串行通信是以二进制的位(bit)为单位的数据传输方式,每次只传送一位,除了地线外,在一个数据传输方向上只需要一根数据线,这根线既作为数据线,又作为通信联络控制线,数据和联络信号在这根线上按位进行传送。串行通信需要的信号线少,最少的只需要两三根线,适用于距离较远的场合。计算机和 PLC 都备有通用的串行通信接口,在工业控制中一般使用串行通信。串行通信多用于 PLC 与计算机之间、多台 PLC 之间的数据通信。

在串行通信中,传输速率常用比特率(每秒传送的二进制位数)来表示,其单位是比特/秒(bit/s)或 bps。传输速率是评价通信速度的重要指标。常用的标准传输速率有 300bps、600bps、1200bps、2400bps、4800bps、9600bps 和 19 200bps 等。不同的串行通信的传输速率差别极大,有的只有数百 bps,有的可达 100Mbps。

2. 单工通信与双工通信

串行通信按信息在设备间的传送方向又分为单工、双工两种方式。

单工通信方式只能沿单一方向发送或接收数据。双工通信方式的信息可沿两个方向传送,每一个站既可以发送数据,也可以接收数据。

双工方式又分为全双工和半双工两种方式。数据的发送和接收分别由两根或两组不同的数据线传送,通信的双方都能在同一时刻接收和发送信息,这种传送方式称为全双工方式;用同一根线或同一组线接收和发送数据,通信的双方在同一时刻只能发送数据或接收数据,这种传送方式称为半双工方式。在 PLC 通信中常采用半双工和全双工通信。

3. 异步通信与同步通信

在串行通信中,通信的速率与时钟脉冲有关,接收方和发送方的传送速率应相同,但是实际的发送速率与接收速率之间总是有一些微小的差别，如果不采取一定的措施，在连续传送大量的信息时，将会因积累误差造成错位，使接收方收到错误的信息。为了解决这一问题，需要使发送和接收同步。按同步方式的不同，可将串行通信分为异步通信和同步通信。

任 务 小 结

> 本任务是学习 3 台 PLC 的 N∶N 网络控制，要确保用于 N∶N 网络参数设置的程序是从第 0 步开始的，如果处于其他位置，程序将不会被执行。

习 题

一、选择题

1. 在 FX 系列 PLC 的 FX$_{2N}$-4AD-PT 模块中，当使用指令 ［FROM　K0　K5　D100　K2 ］时，其中的 K5 表示(　　)。

  A. BFM 番号   B. 模块编号

  C. CH1 的温度平均值   D. CH2 的温度平均值

2. FX 系列 PLC 处理速度最快的是(　　)。

  A. FXOS   B. FXON   C. FX2C   D. FX$_{2N}$

3. 通过电话线远程访问 FX 系列 PLC 时，将 PLC 的特殊数据寄存器 D8120(通信格式)的数值设定为(　　)。

  A. H9F   B. H99   C. H0   D. H10

4. 在 RS485 通信时，0 站变频器正转的总和校验码(无等待时间)为(　　)。

  A. H33,H39   B. H34,H39   C. H34,H42   D. H34,H37

5. 变频器的主回路主要由(　　)组成。

  A. 保护回路   B. 触发回路   C. 整流部分

  D. 平波部分   E. 逆变部分

二、判断题

1. FX$_{2N}$～2AD 模拟量输入模块是 FX 系列 PLC 专用的模拟量输入模块之一。 (　　)

2. FX$_{2N}$～2AD 模块将接收的 4 点模拟输入(电压输入和电流输入)转换成 12 位二进制的数字量。 (　　)

3. FX$_{2N}$～2AD 模拟量输入模块有两个输入通道，通过输入段子变换，可以任意选择电压或电流输入状态。 (　　)

4. 通信的基本方式可分为并行通信与串行通信两种。 (　　)

三、问答题

1. RS-232C 接口标准的不足之处是什么？

2. 按下启动按钮，灯亮 10s，暗 5s，重复 3 次后停止工作。试设计梯形图。

3. 简述 N∶N 网络连接及设定的步骤。

4. 某广告牌上有 6 个字，每个字显示 1s 后 6 个字一起显示 2s，然后全灭。1s 后再从第一个字开始显示，重复上述过程。试用 PLC 实现该功能。

5. 简述三菱 FX 系列小型 PLC 的各种通信连接方式及其区别。

6. 查阅相关资料，了解书上未介绍的 CC-LINK 网络的构成和特点。

7. 试依据本章中关于 1∶1 网络的内容，编写由 FX$_{2N}$-64MR 主机构成的并联连接网络实用程序，要求如下。

(1) 两机设定为以高速模式连接，一主一从。

(2) 把主站的 D1 与 D2 中的内容相加后传送给从站(从站的存放数据寄存器任选)，并使从站的 M100~M115 状态发生转变，同时把从站 D10 中的数据取出来作为主站定时器 T0 的预设值。

(3) 将从站从主站获得的数据(主站 D1 与 D2 相加)同十进制数 50 相比较。若大于或等于 50，则从站的 Y10 被驱动；反之若小于 50，则从站的 Y11 被驱动，把十进制数 15 送到从站 D10 作为主站定时器 T0 的预设值来源。

8. 写出将特殊模块#0 的 BFM#4 读出并存到 PLC 的 D0 中的程序。

9. 通过 PLC 将参数 K10 写入特殊模块#0 的 BFM#10。

10. FX$_{2N}$ 外接特殊功能模块时，缓冲存储器中的数据如何读出？

FX 系列 PLC 常见错误代码一览表

区　分	错误代码	错误内容	处理方法
I/O 构成错误 M8060 (D8060) 运行继续	例 1020	未实际安装的I/O起始原件地址号为 1020 的情况 1=输入 X(0=输入 Y) 020=元件地址号	对未被实际安装的输入继电器,输出继电器地址号进行编程。可编程控制器将继续运行,但如果的确是程序错误,应对其进行修正
PC 硬件错误 M8061 (D8061) 运行停止	0000	无异常	检查增设电缆的连接是否正确
	6101	RAM 出错	
	6102	运算回路错误	
	6103	I/O 总线错误(驱动 M8069 时)	
	6104	增设单元 24V 电压失压(M8069 ON 时)	
	6105	监视定时器出错	演算时间超出 D8000 的设定值,检查程序
PC/PP 硬件通信出错 M8062 (D8062) 运行继续	0000	无异常	检查编程面板(PP)或编程用接口所连接的设备和可编程控制器之间的连接是否确定
	6201	奇偶校验错误,溢出错误,帧错误	
	6202	通信字符不良	
	6203	通信数据和数不一致	
	6204	数据格式不良	
	6205	指令不良	
并联链接通信错误 M8063 (D8063) 运行继续	0000	无异常	检查双方可编程控制器的电源是否处于 ON 状态,或适配器和可编程控制器之间的连接和链接适配器之间的连接是否正确
	6301	奇偶校验错误,溢出错误,帧错误	
	6302	通信字符不良	
	6303	通信数据和数不一致	
	6304	数据格式不良	
	6305	指令不良	

续表

区　分	错误代码	错误内容	处理方法
并联链接 通信错误 M8063 (D8063) 运行继续	6306	监视定时器超出	检查双方可编程控制器的 电源是否处于 ON 状态，或 适配器和可编程控制器之 间的连接和链接适配器之 间的连接是否正确
	6307～6311	无	
	6312	并联链接字符错误	
	6313	并联链接和数错误	
	6314	并联链接格式错误	

附 录 B

FX 系列 PLC
功能指令一览表

分类	FNC NO	指令助记符	功能说明	对应不同型号的 PLC				
				FX0S	FX0N	FX1S	FX1N	FX2N, FX2NC
程序流程	0	CJ	条件跳转	√	√	√	√	√
	1	CALL	子程序调用	×	×	√	√	√
	2	SRET	子程序反用	×	×	√	√	√
	3	IRET	中断返回	√	√	√	√	√
	4	ET	开中断	√	√	√	√	√
	5	DI	关中断	√	√	√	√	√
	6	FEND	主程序结束	√	√	√	√	√
	7	WDT	监视定时器刷新	√	√	√	√	√
	8	FOR	循环的起点与次数	√	√	√	√	√
	9	NEXT	循环的终点	√	√	√	√	√
传送与比较	10	CMP	比较	√	√	√	√	√
	11	ZCP	区间比较	√	√	√	√	√
	12	MOV	传送	√	√	√	√	√
	13	SMOV	位传送	×	×	×	×	√
	14	CML	取反传送	×	×	×	×	√
	15	BMOV	成批传送	×	√	×	×	√
	16	FMOV	多点传送	×	×	×	×	√
	17	XCH	交换	×	×	×	×	√
	18	BCD	二进制转换成 BCD 码	√	√	√	√	√
	19	BIN	BCD 码转换成二进制	√	√	√	√	√

续表

分类	FNC NO	指令助记符	功能说明	对应不同型号的 PLC				
				FX0S	FX0N	FX1S	FX1N	FX2N,FX2NC
算术与逻辑运算	20	ADD	二进制加法运算	√	√	√	√	√
	21	SUB	二进制减法运算	√	√	√	√	√
	22	MUL	二进制乘法运算	√	√	√	√	√
	23	DIY	二进制除法运算	√	√	√	√	√
	24	INC	二进制加 1 运算	√	√	√	√	√
	26	WAND	二进制减 1 运算	√	√	√	√	√
	27	WOR	字逻辑与	√	√	√	√	√
	28	WXOR	字逻辑异或	√	√	√	√	√
	29	NEG	求二进制补码	×	×	×	×	√
循环与移位	30	FOR	循环右移	×	×	×	×	√
	31	ROL	循环左移	×	×	×	×	√
	32	RCR	带进位右移	×	×	×	×	√
	33	RCL	带进位左移	×	×	×	×	√
	34	SFTR	位右移	√	√	√	√	√
	35	SFTL	位左移	√	√	√	√	√
	36	WSFR	字右移	×	×	×	×	√
	37	WSFL	字左移	×	×	×	×	√
	38	SFWR	FIFO(先入先出)写入	×	×	√	√	√
	39	SFRD	FIFO(先入先出)读出	×	×	√	√	√
数据处理	40	ZRST	区间复位	√	√	√	√	√
	41	DECO	解码	√	√	√	√	√
	42	ENCO	编码	√	√	√	√	√
	43	SUM	统计 ON 位数	×	×	×	×	√
	44	BON	查询位状态	×	×	×	×	√
	45	MEAN	求平均值	×	×	×	×	√
	46	ANS	报警器位置	×	×	×	×	√
	47	ANR	报警器复位	×	×	×	×	√
	48	SQR	求平方根	×	×	×	×	√
	49	FLT	整数与浮点数转换	×	×	×	×	√
高速处理	50	REF	输入/输出刷新	√	√	√	√	√
	51	REFF	输入滤波时间调整	×	×	×	×	√
	52	MTR	矩阵输入	×	×	√	√	√
	53	HSCS	比较位置(高速计数用)	×	√	√	√	√
	54	HSCR	比较复位(高速计数用)	×	√	√	√	√
	55	HSZ	区间比较(高速计数用)	×	×	×	×	√
	56	SPD	脉冲密度	×	×	√	√	√
	57	PLSY	制定频率脉冲输出	√	√	√	√	√
	58	PWM	脉宽调制输出	√	√	√	√	√
	59	PLSR	带加速脉冲输出	×	×	√	√	√

续表

分类	FNC NO	指令助记符	功能说明	对应不同型号的 PLC				
				FX_{0S}	FX_{0N}	FX_{1S}	FX_{1N}	FX_{2N}, FX_{2NC}
方便指令	60	IST	状态初始化	√	√	√	√	√
	61	SER	数据查找	×	×	×	×	√
	62	ABSD	凸轮控制(绝对式)	×	×	√	√	√
	63	INCD	凸轮控制(增量式)	×	×	√	√	√
	64	TTMR	示教定时器	×	×	×	×	√
	65	STMR	特殊定时器	×	×	×	×	√
	66	ALT	交替输出	√	√	√	√	√
	67	RAMP	斜波信号	√	√	√	√	√
	68	ROTC	旋转工作台控制	×	×	×	×	√
	69	SORT	列表数据排序	×	×	×	×	√
外部 I/O 设备	70	TKY	10 键输入	×	×	×	×	√
	71	HKY	16 键输入	×	×	×	×	√
	72	DSW	BCD 数字开关输入	×	×	√	√	√
	73	SEGD	七段码译码	×	×	×	×	√
	74	SEGL	七段码译码	×	×	√	√	√
	75	ARWS	方向开关	×	×	×	×	√
	76	ASC	ASCII 码转换	×	×	×	×	√
	77	PR	ASCII 码打印输出	×	×	×	×	√
	78	FROM	BFM 读出	×	√	×	√	√
	79	TO	BFM 写入	×	√	×	√	√
外围设备	80	RS	串行数据传送	×	√	√	√	√
	81	FRUN	八进制位传送(#)	×	√	√	√	√
	82	ASCI	十六进制数转换成 ASCII 码	×	√	√	√	√
	83	HEX	ASCII 码转换成十六进制数	×	√	√	√	√
	84	CCD	校检	×	√	√	√	√
	85	VRRD	电位器变量输入	×	×	√	√	√
	86	VRSC	电位器变量区间	×	×	√	√	√
	87	-	-					
	88	PID	PID 运算	×	×	√	√	√
	89	-	-					
浮点数运算	110	ECMP	二进制浮点数比较	×	×	×	×	√
	111	EZCP	二进制浮点数区间比较	×	×	×	×	√
	118	EBCD	二进制浮点数比较→十进制浮点数	×	×	×	×	√
	119	EBIN	十进制浮点数→二进制浮点数比较	×	×	×	×	√
	120	EADD	二进制浮点数加法	×	×	×	×	√
	121	EUSB	二进制浮点数减法	×	×	×	×	√

续表

分类	FNC NO	指令助记符	功能说明	对应不同型号的PLC				
				FX$_{0S}$	FX$_{0N}$	FX$_{1S}$	FX$_{1N}$	FX$_{2N}$, FX$_{2NC}$
浮点数运算	123	EDIV	二进制浮点数乘法	×	×	×	×	√
	127	ESQR	二进制浮点数开平方	×	×	×	×	√
	129	INT	二进制浮点数→二进制整数	×	×	×	×	√
	130	SIN	二进制浮点数 sin 运算	×	×	×	×	√
	131	COS	二进制浮点数 cos 运算	×	×	×	×	√
	132	TAN	二进制浮点数 tan 运算	×	×	×	×	√
定位	147	SWAP	高低字节交换	×	×	×	×	×
	155	ABS	ABS 当前值读取	×	×	√	√	×
	156	ZRN	原点回归	×	×	√	√	×
	157	PLSY	可变速的脉冲输出	×	×	√	√	×
	158	DRVI	相对位置控制	×	×	√	√	×
	159	DRVA	绝对位置控制	×	×	√	√	×
时钟运算	160	TCMP	时钟数据比较	×	×	√	√	√
	161	TZCP	时钟数据区间比较	×	×	√	√	√
	162	TADD	时钟数据加法	×	×	√	√	√
	163	TSUB	时钟数据减法	×	×	√	√	√
	166	TRD	时钟数据读出	×	×	√	√	√
	167	TWR	时钟数据写入	×	×	√	√	√
	169	HOUR	计时仪	×	×	√	√	
外围设备	170	GRY	二进制数→格雷码	×	×	×	×	√
	171	GBIN	格雷码→二进制数	×	×	×	×	√
	176	RD3A	模拟量模块(FX0N-3A)读出	×	√	×	√	×
	177	WR3A	模拟量模块(FX0N-3A)写入	×	√	×	√	×
触点比较	224	LD=	(S1)=(S2)时起始触点接通	×	×	√	√	√
	225	LD>	(S1)>(S2)时起始触点接通	×	×	√	√	√
	226	LD<	(S1)<(S2)时起始触点接通	×	×	√	√	√
	228	LD<>	(S1)<>(S2)时起始触点接通	×	×	√	√	√
	229	LD≤	(S1)≤(S2)时起始触点接通	×	×	√	√	√
	230	LD≥	(S1)≥(S2)时起始触点接通	×	×	√	√	√
	232	AND=	(S1)=(S2)时串联触点接通	×	×	√	√	√
	233	AND>	(S1)>(S2)时串联触点接通	×	×	√	√	√
	234	AND<	(S1)<(S2)时串联触点接通	×	×	√	√	√
	236	AND<>	(S1)<>(S2)时串联触点接通	×	×	√	√	√
	237	AND≤	(S1)≤(S2)时串联触点接通	×	×	√	√	√
	238	AND≥	(S1)≥(S2)时串联触点接通	×	×	√	√	√
	240	OR=	(S1)=(S2)时并联触点接通	×	×	√	√	√

续表

分类	FNC NO	指令助记符	功能说明	对应不同型号的 PLC				
				FX_{0S}	FX_{0N}	FX_{1S}	FX_{1N}	FX_{2N}, FX_{2NC}
触点比较	241	OR>	(S1)>(S2)时并联触点接通	×	×	√	√	√
	242	OR<	(S1)<(S2)时并联触点接通	×	×	√	√	√
	244	OR<>	(S1)<>(S2)时并联触点接通	×	×	√	√	√
	245	OR≤	(S1)≤(S2)时并联触点接通	×	×	√	√	√
	246	OR≥	(S1)≥(S2)时并联触点接通	×	×	√	√	√

三菱 FX₂ₙ 型 PLC 软元件表

软 元 件	类 型	编码范围	点 数	
输入继电器(X)		X0～X267	184 点	
输出继电器(Y)		Y0～Y267	184 点	
辅助继电器	一般	M0～M499	500 点	
	锁定	M0～500～M3071	2572 点	
	特殊	M8000～8255	256 点	
状态继电器(S)	回原位	S10～S19	10 点	
	一般	S20～S499	480 点	
	锁定	S500～S899	400 点	
	初始	S0～S9	10 点	
	信号报警器	S900～S999	100 点	
定时器(T)	100ms	T0～T199	0.1～3276.7s	200 点
	10ms	T200～T245	0.01～327.67s	46 点
	1ms 保持型	T246～T249	0.001～32.767s	4 点
	100ms 保持型	T250～T255	0.1～3276.7s	6 点
计数器(C)	一般(16 位)	C0～C99 加计数器	0s～32767	200 点
	锁定(16 位)	C100～C199 加计数器	100 点(子系统)	
	一般(32 位)	C200～C219 加/减计数器	35 点	计数范围:
	锁定(32 位)	C220～C234 加/减计数器	15 点	-2 147 483 648～
高速计数器(C)	单相(32 位)	C235～C245	11 点	+2 147 483 647
	双相(32 位)	C246～C250	5 点	
	A/B 相(32 位)	C251～C255	5 点	
数据寄存器(D) (使用两个可组成一 个 32 位数据寄存器)	一般(16 位)	D0～D199	200 点	
	锁定(16 位)	D200～D7999	7800 点	
	文件寄存器(16 位)	D1000～D7999	7000 点	

续表

软 元 件	类 型	编码范围	点 数
数据寄存器(D) (使用两个可组成一 个 32 位数据寄存器)	特殊(16 位)	从 D8000～D8255	256 点
	变址(16 位)	V0～V7 以及 Z0～Z7	16 点
分支指针(P)	用于 CALL 和 CJ	P0～P127	128 点
中断指针(I)	输入中断	I00 □～I50 □	6 点 (□=0～5)
	定时器中断	I6 □□～I8 □□	3 点 (□□=10～99ms)
	计数器中断	I0 □ 0～I5 □ 0	6 点 (□=1～6)
嵌套层次(N)	用于 MC 和 MRC	N0～N7	8 点
常数	十进制	16 位：−32 768～32 767 32 位：−2 147 483 648～2 147 483 647	
	十六进制	16 位：0～FFFF 32 位：0～FFFFFFFF	

参 考 文 献

[1] 巫莉. 电气控制与 PLC 应用[M]. 北京：中国电力出版社，2011.

[2] 王建，张宏. 三菱 PLC 入门与典型应用[M]. 北京：中国电力出版社，2009.

[3] 洪志育. 例说 PLC[M]. 北京：人民邮电出版社，2006.

北京大学出版社高职高专机电系列规划教材

序号	书号	书名	编著者	定价	出版日期
1	978-7-301-12181-8	自动控制原理与应用	梁南丁	23.00	2012.1 第3次印刷
2	978-7-5038-4869-8	设备状态监测与故障诊断技术	林英志	22.00	2013.2 第4次印刷
3	978-7-301-13262-3	实用数控编程与操作	钱东东	32.00	2011.8 第3次印刷
4	978-7-301-13383-5	机械专业英语图解教程	朱派龙	22.00	2013.1 第5次印刷
5	978-7-301-13582-2	液压与气压传动技术	袁 广	24.00	2013.8 第5次印刷
6	978-7-301-13662-1	机械制造技术	宁广庆	42.00	2010.11 第2次印刷
7	978-7-301-13574-7	机械制造基础	徐从清	32.00	2012.7 第3次印刷
8	978-7-301-13653-9	工程力学	武昭晖	25.00	2011.2 第3次印刷
9	978-7-301-13652-2	金工实训	柴增田	22.00	2013.1 第4次印刷
10	978-7-301-14470-1	数控编程与操作	刘瑞已	29.00	2011.2 第2次印刷
11	978-7-301-13651-5	金属工艺学	柴增田	27.00	2011.6 第3次印刷
12	978-7-301-12389-8	电机与拖动	梁南丁	32.00	2011.12 第2次印刷
13	978-7-301-13659-1	CAD/CAM 实体造型教程与实训 (Pro/ENGINEER 版)	诸小丽	38.00	2012.1 第3次印刷
14	978-7-301-13656-0	机械设计基础	时忠明	25.00	2012.7 第3次印刷
15	978-7-301-17122-6	AutoCAD 机械绘图项目教程	张海鹏	36.00	2011.10 第2次印刷
16	978-7-301-17148-6	普通机床零件加工	杨雪青	26.00	2010.6
17	978-7-301-17398-5	数控加工技术项目教程	李东君	48.00	2010.8
18	978-7-301-17573-6	AutoCAD 机械绘图基础教程	王长忠	32.00	2013.8 第2次印刷
19	978-7-301-17557-6	CAD/CAM 数控编程项目教程(UG 版)	慕 灿	45.00	2012.4 第2次印刷
20	978-7-301-17609-2	液压传动	龚肖新	22.00	2010.8
21	978-7-301-17679-5	机械零件数控加工	李 文	38.00	2010.8
22	978-7-301-17608-5	机械加工工艺编制	于爱武	45.00	2012.2 第2次印刷
23	978-7-301-17707-5	零件加工信息分析	谢 蕾	46.00	2010.8
24	978-7-301-18357-1	机械制图	徐连孝	27.00	2012.9 第2次印刷
25	978-7-301-18143-0	机械制图习题集	徐连孝	20.00	2011.1
26	978-7-301-18470-7	传感器检测技术及应用	王晓敏	35.00	2012.7 第2次印刷
27	978-7-301-18471-4	冲压工艺与模具设计	张 芳	39.00	2011.3
28	978-7-301-18852-1	机电专业英语	戴正阳	28.00	2011.5
29	978-7-301-19272-6	电气控制与 PLC 程序设计(松下系列)	姜秀玲	36.00	2011.8
30	978-7-301-19297-9	机械制造工艺与夹具设计	徐 勇	28.00	2011.8
31	978-7-301-19319-8	电力系统自动装置	王 伟	24.00	2011.8
32	978-7-301-19374-7	公差配合与技术测量	庄佃霞	26.00	2013.8 第2次印刷
33	978-7-301-19436-2	公差与测量技术	余 键	25.00	2011.9
34	978-7-301-19010-4	AutoCAD 机械绘图基础教程与实训(第2版)	欧阳全会	36.00	2013.1 第2次印刷
35	978-7-301-19638-0	电气控制与 PLC 应用技术	郭 燕	24.00	2012.1
36	978-7-301-19933-6	冷冲压工艺与模具设计	刘洪贤	32.00	2012.1
37	978-7-301-20002-5	数控机床故障诊断与维修	陈学军	38.00	2012.1
38	978-7-301-20312-5	数控编程与加工项目教程	周晓宏	42.00	2012.5
39	978-7-301-20414-6	Pro/ENGINEER Wildfire 产品设计项目教程	罗 武	31.00	2012.5
40	978-7-301-15692-6	机械制图	吴百中	26.00	2012.7 第2次印刷
41	978-7-301-20945-5	数控铣削技术	陈晓罗	42.00	2012.7
42	978-7-301-21053-6	数控车削技术	王军红	28.00	2012.8
43	978-7-301-21119-9	数控机床及其维护	黄应勇	38.00	2012.8
44	978-7-301-20752-9	液压传动与气动技术(第2版)	曹建东	40.00	2012.8
45	978-7-301-18630-5	电机与电力拖动	孙英伟	33.00	2011.3
46	978-7-301-16448-8	Pro/ENGINEER Wildfire 设计实训教程	吴志清	38.00	2012.8
47	978-7-301-21239-4	自动生产线安装与调试实训教程	周 洋	30.00	2012.9
48	978-7-301-21269-1	电机控制与实践	徐 锋	34.00	2012.9
49	978-7-301-16770-0	电机拖动与应用实训教程	任娟平	36.00	2012.11
50	978-7-301-20654-6	自动生产线调试与维护	吴有明	28.00	2013.1
51	978-7-301-21988-1	普通机床的检修与维护	宋亚林	33.00	2013.1
52	978-7-301-21873-0	CAD/CAM 数控编程项目教程(CAXA 版)	刘玉春	42.00	2013.3
53	978-7-301-22315-4	低压电气控制安装与调试实训教程	张 郭	24.00	2013.4
54	978-7-301-19848-3	机械制造综合设计及实训	裴俊彦	37.00	2013.4
55	978-7-301-22632-2	机床电气控制与维修	崔兴艳	28.00	2013.7
56	978-7-301-22672-8	机电设备控制基础	王本轶	32.00	2013.7
57	978-7-301-22678-0	模具专业英语图解教程	李东君	22.00	2013.7
58	978-7-301-22917-0	机床电气控制与 PLC 技术	林盛昌	30.00	2013.8

北京大学出版社高职高专电子信息系列规划教材

序号	书号	书名	编著者	定价	出版日期
1	978-7-301-12180-1	单片机开发应用技术	李国兴	21.00	2010.9 第 2 次印刷
2	978-7-301-12386-7	高频电子线路	李福勤	20.00	2013.8 第 3 次印刷
3	978-7-301-12384-3	电路分析基础	徐 锋	22.00	2010.3 第 2 次印刷
4	978-7-301-13572-3	模拟电子技术及应用	习修睦	28.00	2012.8 第 3 次印刷
5	978-7-301-12390-4	电力电子技术	梁南丁	29.00	2010.7 第 2 次印刷
6	978-7-301-12383-6	电气控制与 PLC(西门子系列)	李 伟	26.00	2012.3 第 2 次印刷
7	978-7-301-12387-4	电子线路 CAD	殷庆纵	28.00	2012.7 第 4 次印刷
8	978-7-301-12382-9	电气控制及 PLC 应用(三菱系列)	华满香	24.00	2012.5 第 2 次印刷
9	978-7-301-16898-1	单片机设计应用与仿真	陆旭明	26.00	2012.4 第 2 次印刷
10	978-7-301-16830-1	维修电工技能与实训	陈学平	37.00	2010.7
11	978-7-301-17324-4	电机控制与应用	魏润仙	34.00	2010.8
12	978-7-301-17569-9	电工电子技术项目教程	杨德明	32.00	2012.4 第 2 次印刷
13	978-7-301-17696-2	模拟电子技术	蒋 然	35.00	2010.8
14	978-7-301-17712-9	电子技术应用项目式教程	王志伟	32.00	2012.7 第 2 次印刷
15	978-7-301-17730-3	电力电子技术	崔 红	23.00	2010.9
16	978-7-301-17877-5	电子信息专业英语	高金玉	26.00	2011.11 第 2 次印刷
17	978-7-301-17958-1	单片机开发入门及应用实例	熊华波	30.00	2011.1
18	978-7-301-18188-1	可编程控制器应用技术项目教程(西门子)	崔维群	38.00	2013.6 第 2 次印刷
19	978-7-301-18322-9	电子 EDA 技术(Multisim)	刘训非	30.00	2012.7 第 2 次印刷
20	978-7-301-18144-7	数字电子技术项目教程	冯泽虎	28.00	2011.1
21	978-7-301-18519-3	电工技术应用	孙建领	26.00	2011.3
22	978-7-301-18770-8	电机应用技术	郭宝宁	33.00	2011.5
23	978-7-301-18520-9	电子线路分析与应用	梁玉国	34.00	2011.7
24	978-7-301-18622-0	PLC 与变频器控制系统设计与调试	姜永华	34.00	2011.6
25	978-7-301-19310-5	PCB 板的设计与制作	夏淑丽	33.00	2011.8
26	978-7-301-19326-6	综合电子设计与实践	钱卫钧	25.00	2013.8 第 2 次印刷
27	978-7-301-19302-0	基于汇编语言的单片机仿真教程与实训	张秀国	32.00	2011.8
28	978-7-301-19153-8	数字电子技术与应用	宋雪臣	33.00	2011.9
29	978-7-301-19525-3	电工电子技术	倪 涛	38.00	2011.9
30	978-7-301-19953-4	电子技术项目教程	徐超明	38.00	2012.1
31	978-7-301-20000-1	单片机应用技术教程	罗国荣	40.00	2012.2
32	978-7-301-20009-4	数字逻辑与微机原理	宋振辉	49.00	2012.1
33	978-7-301-20706-2	高频电子技术	朱小样	32.00	2012.6
34	978-7-301-21055-0	单片机应用项目化教程	顾亚文	32.00	2012.8
35	978-7-301-17489-0	单片机原理及应用	陈高锋	32.00	2012.9
36	978-7-301-21147-2	Protel 99 SE 印制电路板设计案例教程	王 静	35.00	2012.8
37	978-7-301-19639-7	电路分析基础(第 2 版)	张丽萍	25.00	2012.9
38	978-7-301-22362-8	电子产品组装与调试实训教程	何 杰	28.00	2013.6
39	978-7-301-22546-2	电工技能实训教程	韩亚军	22.00	2013.6
40	978-7-301-22390-1	单片机开发与实践教程	宋玲玲	24.00	2013.6

相关教学资源如电子课件、电子教材、习题答案等可以登录 www.pup6.com 下载或在线阅读。

扑六知识网(www.pup6.com)有海量的相关教学资源和电子教材供阅读及下载(包括北京大学出版社第六事业部的相关资源),同时欢迎您将教学课件、视频、教案、素材、习题、试卷、辅导材料、课改成果、设计作品、论文等教学资源上传到 pup6.com,与全国高校师生分享您的教学成就与经验,并可自由设定价格,知识也能创造财富。具体情况请登录网站查询。

如您需要免费纸质样书用于教学,欢迎登录第六事业部门户网(www.pup6.cn)填表申请,并欢迎在线登记选题以到北京大学出版社来出版您的大作,也可下载相关表格填写后发到我们的邮箱,我们将及时与您取得联系并做好全方位的服务。

扑六知识网将打造成全国最大的教育资源共享平台,欢迎您的加入——让知识有价值,让教学无界限,让学习更轻松。

联系方式: 010-62750667, yongjian3000@163.com, linzhangbo@126.com, 欢迎来电来信。